"大国三农"系列规划教材

普通高等教育"十四五"规划教材

生物统计分析操作教程

朱本忠　主　编

刘　军　副主编

任正洪　主　审

中国农业大学出版社
·北京·

内 容 简 介

本书作为课堂教学的辅助教材，选用 Excel 和 R 语言作为分析工具，介绍了生物统计基本知识、操作要点及软件分析技术要点。本书的主要内容包括软件的安装、计量资料的统计描述、计量资料分布的统计量与 P 值、计量资料的统计推断、方差分析、计数资料的统计分析、非参数检验、直线回归与相关、统计作图初步、试验设计基础、随机试验设计、正交设计以及相关的参考文献等。本书着重介绍了不同试验设计及资料类型条件下相关统计分析方法涉及的知识要点；如何使用 Excel 和 R 语言对不同试验设计及资料进行统计分析操作。通过文字和图形示范相结合的案例分析介绍相关操作过程，加深读者对于生物统计知识点的理解并提高其实操能力。

本书可作为普通高等院校本科生及研究生教材，也可作为从事生物统计分析相关工作的科研人员及工程技术人员的参考书。

图书在版编目（CIP）数据

生物统计分析操作教程/朱本忠主编 . --北京：中国农业大学出版社，2022.8
ISBN 978-7-5655-2851-4

Ⅰ.①生…　Ⅱ.①朱…　Ⅲ.①生物统计－统计分析－高等学校－教材　Ⅳ.①Q-332

中国版本图书馆 CIP 数据核字（2022）第 138507 号

书　　名	生物统计分析操作教程
作　　者	朱本忠　主编　任正洪　主审

策划编辑	宋俊果　王笃利　魏　巍	责任编辑	魏　巍　吕建忠
封面设计	郑　川		
出版发行	中国农业大学出版社		
社　　址	北京市海淀区圆明园西路 2 号	邮政编码	100193
电　　话	发行部 010-62733489，1190	读者服务部	010-62732336
	编辑部 010-62732617，2618	出　版　部	010-62733440
网　　址	http://www.caupress.cn	E-mail	cbsszs@cau.edu.cn
经　　销	新华书店		
印　　刷	运河（唐山）印务有限公司		
版　　次	2022 年 11 月第 1 版　2022 年 11 月第 1 次印刷		
规　　格	185 mm×260 mm　16 开本　14 印张　350 千字		
定　　价	39.00 元		

图书如有质量问题本社发行部负责调换

普通高等学校食品类专业系列教材
编审指导委员会委员

（按姓氏拼音排序）

编审人员

主　　编　朱本忠（中国农业大学）

副主编　刘　军（中国农业大学）

编　　者　（按姓氏拼音排序）

郭慧媛（中国农业大学）

贾　鑫（中国农业大学）

刘　军（中国农业大学）

唐　宁（中国农业大学）

薛　勇（中国农业大学）

张　拓（中国农业大学）

朱本忠（中国农业大学）

主　　审　任正洪（北京大学）

出 版 说 明
（代总序）

　　岁月如梭，食品科学与工程类专业系列教材自启动建设工作至现在的第 4 版或第 5 版出版发行，已经近 20 年了。160 余万册的发行量，表明了这套教材是受到广泛欢迎的，质量是过硬的，是与我国食品专业类高等教育相适宜的，可以说这套教材是在全国食品类专业高等教育中使用最广泛的系列教材。

　　这套教材成为经典，作为总策划，我感触颇多，翻阅这套教材的每一科目、每一章节，浮现眼前的是众多著作者们汇集一堂倾心交流、悉心研讨、伏案编写的景象。正是大家的高度共识和对食品科学类专业高等教育的高度责任感，铸就了系列教材今天的成就。借再一次撰写出版说明（代总序）的机会，站在新的视角，我又一次对系列教材的编写过程、编写理念以及教材特点做梳理和总结，希望有助于广大读者对教材有更深入的了解，有助于全体编者共勉，在今后的修订中进一步提高。

　　一、优秀教材的形成除著作者广泛的参与、充分的研讨、高度的共识外，更需要思想的碰撞、智慧的凝聚以及科研与教学的厚积薄发。

　　20 年前，全国 40 余所大专院校、科研院所，300 多位一线专家教授，覆盖生物、工程、医学、农学等领域，齐心协力组建出一支代表国内食品科学最高水平的教材编写队伍。著作者们呕心沥血，在教材中倾注平生所学，那字里行间，既有学术思想的精粹凝结，也不乏治学精神的光华闪现，诚所谓学问人生，经年积成，食品世界，大家风范。这精心的创作，与敷衍的粘贴，其间距离，何止云泥！

　　二、优秀教材以学生为中心，擅于与学生互动，注重对学生能力的培养，绝不自说自话，更不任凭主观想象。

　　注重以学生为中心，就是彻底摒弃传统填鸭式的教学方法。著作者们谨记"授人以鱼不如授人以渔"，在传授食品科学知识的同时，更启发食品科学人才获取知识和创造知识的思维与灵感，于润物细无声中，尽显思想驰骋，彰耀科学精神。在写作风格上，也注重学生的参与性和互动性，接地气，说实话，"有里有面"，深入浅出，有料有趣。

三、优秀教材与时俱进,既推陈出新,又勇于创新,绝不墨守成规,也不亦步亦趋,更不原地不动。

首版再版以至四版五版,均是在充分收集和尊重一线任课教师和学生意见的基础上,对新增教材进行科学论证和整体规划。每一次工作量都不小,几乎覆盖食品学科专业的所有骨干课程和主要选修课程,但每一次修订都不敢有丝毫懈怠,内容的新颖性,教学的有效性,齐头并进,一样都不能少。具体而言,此次修订,不仅增添了食品科学与工程最新发展,又以相当篇幅强调食品工艺的具体实践。每本教材,既相对独立又相互衔接互为补充,构建起系统、完整、实用的课程体系,为食品科学与工程类专业教学更好服务。

四、优秀教材是著作者和编辑密切合作的结果,著作者的智慧与辛劳需要编辑专业知识和奉献精神的融入得以再升华。

同为他人作嫁衣裳,教材的著作者和编辑,都一样的忙忙碌碌,飞针走线,编织美好与绚丽。这套教材的编辑们站在出版前沿,以其炉火纯青的编辑技能,辅以最新最好的出版传播方式,保证了这套教材的出版质量和形式上的生动活泼。编辑们的高超水准和辛勤努力,赋予了此套教材蓬勃旺盛的生命力。而这生命力之源就是广大院校师生的认可和欢迎。

第1版食品科学与工程类专业系列教材出版于2002年,涵盖食品学科15个科目,全部入选"面向21世纪课程教材"。

第2版出版于2009年,涵盖食品学科29个科目。

第3版(其中《食品工程原理》为第4版)500多人次80多所院校参加编写,2016年出版。此次增加了《食品生物化学》《食品工厂设计》等品种,涵盖食品学科30多个科目。

需要特别指出的是,这其中,除2002年出版的第1版15部教材全部被审批为"面向21世纪课程教材"外,《食品生物技术导论》《食品营养学》《食品工程原理》《粮油加工学》《食品试验设计与统计分析》等为"十五"或"十一五"国家级规划教材。第2版或第3版教材中,《食品生物技术导论》《食品安全导论》《食品营养学》《食品工程原理》4部为"十二五"普通高等教育本科国家级规划教材,《食品化学》《食品化学综合实验》《食品安全导论》等多个科目为原农业部"十二五"或农业农村部"十三五"规划教材。

本次第4版(或第5版)修订,参与编写的院校和人员有了新的增加,在比较完善的科目基础上与时俱进做了调整,有的教材根据读者对象层次以及不同的特色做了不同版本,舍去了个别不再适合新形势下课程设置的教材品种,对有些教材的题目做了更新,使其与课程设置更加契合。

在此基础上,为了更好满足新形势下教学需求,此次修订对教材的新形态建设提出了更高的要求,出版社教学服务平台"中农 De 学堂"将为食品科学与工程类专业系列教材的新形态建设提供全方位服务和支持。此次修订按照教育部新近印发的《普通高等学校教材管理办法》的有关要求,对教材的政治方向和价值导向以及教材内容的科学性、先进性和适用性等提出了明确且具针对性的编写修订要求,以进一步提高教材质量。同时为贯彻《高等学校课程思政建设指导纲要》文件精神,落实立德树人根本任务,明确提出每一种教材在坚持食品科学学科专业背景的基础上结合本教材内容特点努力强化思政教育功能,将思政教育理念、思政教育元素有机融入教材,在课程思政教育润物细无声的较高层次要求中努力做出各自的探索,为全面高水平课程思政建设积累经验。

教材之于教学,既是教学的基本材料,为教学服务,同时教材对教学又具有巨大的推动作用,发挥着其他材料和方式难以替代的作用。教改成果的物化、教学经验的集成体现、先进教学理念的传播等都是教材得天独厚的优势。教材建设既成就了教材,也推动着教育教学改革和发展。教材建设使命光荣,任重道远。让我们一起努力吧!

罗云波

2021 年 1 月

前　　言

一、为什么编写这本书

　　生物统计与试验设计是本科生课程体系中的核心基础课,在现有课程体系框架中,自然科学和社会科学中的大部分学科专业都需要用到相关的统计知识。学好这门课对于树立正确的科学观和世界观,掌握数据分析和试验设计的基本能力,促进各个专业知识的深入学习和应用,都具有重要的意义。该课程是一门操作性非常强的课程。娴熟的数据分析能力是学生进一步学习统计学和其他课程的基础。作为多年从事统计课程教学工作的教学者,我深刻体会到学生在学习统计课程过程中的困难和焦虑。同学们反映最多的是在课堂上能够理解理论知识,但是课后一动手操作就"卡壳",一方面是不了解具体的操作方法,另一方面是对实际操作过程中遇到的很多技术性细节问题无从下手,从而对本课程的学习产生了挫败感和畏惧感,对整个课程失去信心。这也是学生普遍反映统计课程学习难度较大的主要原因之一。

　　针对这一情况,本教学团队为同学们编写了一本《生物统计与试验设计实验手册》(下称《实验手册》),作为课堂教学的内部辅助教材。它被同学们称为"我们学院生物统计与试验设计课程学习的秘密武器"。从 8 年来的教学情况看,同学们普遍觉得统计分析操作学习有了抓手,有了进一步学习的勇气,特别是自己首次独立完成课程中的案例分析所带来的兴奋感和成就感大大提升了他们学习统计课程的自信心。教学效果和同学们反馈评价也在不断提升。同学们对于本课程学习的体验和心理活动的变化,我们感同身受,并促使我们将《实验手册》不断地改版、优化,使之更贴近同学们的学习需求。《实验手册》将我们教师"如何教"与同学们"如何学"很好地联系在一起,在"教与学"之间建立起来一个很好的沟通桥梁。

　　鉴于该手册在本团队教学实践中的作用和效果,我们萌生了将其出版的念头,以服务于广大统计课程教学、学习的老师和同学们。在中国农业大学出版社宋俊果老师和刘军老师的支持和指导下,我们将该手册进行相应的修改、调整和补充,并更名为《生物统计分析操作教程》,以适合更多专业老师和同学们关于生物统计知识的"教与学"。

二、为什么选择 Excel 和 R 语言

　　与以往传统依靠手工计算的统计分析不同,现代统计分析主要依靠统计软件来实现。

统计课程的教学工作也要借助统计软件来进行。目前有很多强大且优秀的统计软件,如 SAS、SPSS、Stata 等。这些软件都能满足复杂的统计任务和各个级别的教学工作,且各具特色。在不同的教学和科研领域,老师和学生对不同软件也有各自的偏好,因此在教学过程中,不同课堂选用的软件也不一样。一方面,在软件的选择方面有了更多的自由;另一方面,对初次接触统计知识的学生来讲,就遇到了选择的困境,从而对统计学习感到很茫然。

本教学团队在具体教学过程中选用 Excel 和 R 语言作为主要分析工具,因此作为配套教材,本教程也重点对这两个工具的应用进行讲解。其原因主要基于以下几点:首先是免费,R 语言为自由软件,而免费自由软件具有强大的生命力,在用户体验和开发方面都具有商用软件不具备的优势;Excel 作为 Office 套件中的软件之一,一般情况下是预装在个人计算机里的,而且各大学或单位都购买了其版权以供科研教学使用。其次是版权问题,因为商业软件需要高昂的使用费用,给使用者带来了一些经济压力,即使是付费使用,也还存在使用权限问题。最后是 Excel 和 R 语言具有独特的使用优势。Excel 特别适用于统计操作的入门训练,同时其操作界面与 SPSS 具有相似性。R 语言属于编程语言,其统计分析能力和作图功能十分强大,适合学生入门后的深入学习,同时学习 R 语言又有助于学生了解和使用 SAS、SPSS 等软件。因此,在本科生和研究生的生物统计课程中都推荐使用 Excel 和 R 语言,但也不影响老师和同学们对其他统计软件的选择。

三、主要内容和编写分工介绍

本书主要介绍 Excel 和 R 语言的使用,运用这两种工具对具体案例进行分析。《生物统计分析操作教程》一书对每个案例分别用 Excel 和 R 语言进行处理,详细介绍其操作过程和技术要点。全书分为十二章,除第一章外每章分为知识点、操作要点和操作案例三部分。知识点部分简要介绍该章所涉及的统计基本知识;操作要点部分介绍这一章内容中涉及分析过程中的技术要点;操作案例部分详细介绍相关案例的分析操作过程。知识点与操作要点以文字描述为主,操作案例则以文字和图形示范相结合,便于学生对操作过程的全面了解。同时针对代表性案例,本教程还录制了操作过程的相关视频,通过数字资源的形式以供读者详细观摩和学习。

该教程由中国农业大学生物统计与试验设计课程教学团队负责编写,其分工如下:前言由朱本忠负责;第一、二、三章由刘军负责;第四、五、六章由薛勇负责;第七、八、九章由贾鑫负责;第十、十一、十二章由张拓、郭慧媛负责;附录及学习资料由唐宁负责收集整理。其中第一至第九章为数据分析部分,第十至第十二章为试验设计部分。全书由北京大学医学部任正洪老师主审。

四、如何使用本书

作为生物统计与试验设计课程教学的辅助教材,教师在课堂理论教学中,可以选用和参考本教程的案例进行讲解。同学们通过本书既可以在预习过程中了解生物统计知识点和操作方法,又可以在复习和训练阶段详细了解每个知识点的具体操作,同时也可在课程结束后的实际科研工作中参考。

本书只是案例教学的操作指导书,只对相应案例操作相关的 Excel 或 R 语言操作内容进行讲解。如果对 Excel 或 R 语言不熟悉,特别是没有 R 语言基础的老师或学生,可以先按照操作过程一步一步模仿进行,得出正确的结果,然后尝试自己修改参数,逐步了解关键函数及其参数的功能,从而全面掌握 R 语言操作要点进行数据分析的技能。

本书是教师课堂教学和学生自我学习该课程的辅助教材,旨在提高学生统计分析与试验设计实际操作技能,提高学生对该课程的学习兴趣和教学效果。由于统计知识涉及面广,软件操作技术专业性强,加上经验不足,本书在编写过程中难免有疏漏或偏颇之处,恳请各位读者多多提出宝贵意见,匡正错误,以便于本书更好地服务于生物统计课程的教学工作。

朱本忠

2021 年 8 月

目　　录

第一章

软件的安装

生物统计与试验设计课程主要包括两部分内容,即统计分析部分和试验设计部分。统计分析是统计学中的关键环节,是继统计设计、统计调查和统计整理之后的一项十分重要的工作。大量而繁杂的统计分析工作需要借助统计分析软件实施。目前常用的统计分析软件主要包括 Excel、SPSS、SAS 以及 R 语言等。本教程重点采用 Excel 和 R 语言进行统计分析示例,因此首先对这两个工具软件的安装进行说明。

一、知识点

(一)软件版本的选择

读者可以根据自己计算机的配置,选用适合的 Office 和 R 语言版本,包括最新版本和过往版本。在实际的统计学习和操作过程中,会遇到很多的技术和计算机的操作等问题,如安装失败、公式和具体命令的使用不当等,可以向有经验的老师、同学请教,或者通过网络查询的方法解决。而本教程选用的版本(Office 2016 和 R 3.6.3),一方面可以满足部分读者对较新版本软件的需求;另一方面,版本之间的差别不会太大,依然可以作为旧版本和将来新版本安装和使用的参考。

(二)版权问题

R 语言,包括各种集成开发环境如 RStudio、Jupyter Notebook 等,均属于免费软件,不存在版权问题,读者可以在相关网站(网址:https://mirrors.tuna.tsinghua.edu.cn/CRAN/)自行下载安装。Excel 软件属于 Office 套件之一,在安装 Office 时,会出现 Excel、Word、PowerPoint 等软件的选择安装提醒。一般个人计算机购买时会预装正版 Office 软件,一些单位也会提供正版软件服务。

(三)不同操作系统环境

目前个人计算机使用最多的操作系统环境包括 Windows 系统、Mac OS 系统以及 Linux 系统,其中 Windows 系统和 Mac OS 系统在学生中应用得最为广泛,是文字处理和数据分析最常用的操作系统环境。本教程主要介绍 Windows 系统中 Excel 和 R 语言的安装和使用。Mac OS 系统以及 Linux 系统中的 R 语言操作也可以参考相应的资料。

二、软件的安装

(一)Excel 软件及数据分析工具库的安装

1. 下载软件

读者可在线购买正版 Office 2016 软件或线下购买光盘进行安装。本教程演示通过访问中国农业大学正版软件平台进行 Office 2016 的下载安装。首先打开网址:http://soft.cau.edu.cn,单击 Office 2016 中文版开始下载 Office 2016 的镜像文件。

2. 软件安装

打开下载后镜像文件(Office_2016 中文 64 Professional_Plus.ISO)生成的文件夹,双击

运行文件夹中的 setup. exe 文件,按照提示进行安装。

3. 安装数据分析工具库

Excel 2016 安装完成后,打开 Excel 并单击选择"文件→选项→加载项",打开"加载项"页面,如图 1-1 所示。然后,单击"转到"按钮。

图 1-1 "Excel 选项"对话框

如图 1-2 所示,勾选"分析工具库",单击"确定"按钮,完成分析工具库的加载。具体操作视频见二维码 1-1。

图 1-2 "加载宏"对话框

二维码 1-1 Excel 安装数据分析工具库

(二)R 语言的安装

1. 下载软件

本教程采用的 R 语言版本为 R3.6.3,该软件可在相关网站上下载,本教程采用的网址为：http://mirrors. ustc. edu. cn/CRAN/bin/windows/base/old/3.6.3/,打开网站后单击"Download R 3.6.3 for Windows"进行下载。

2. 安装软件

打开下载好的安装包,按照提示进行安装即可。具体操作视频见二维码 1-2。

二维码 1-2　R 语言程序包安装

第二章

计量资料的统计描述

统计资料的类型按性质一般可分为计数资料和计量资料两类,而对于不同类型的资料,统计分析方法是不同的。计量资料在日常生活中十分常见,是使用仪器、工具或其他定量方法对某个观察单位的某项指标进行测量,并把测量结果用数值大小表示出来的资料,如身高、体重、年龄、血压、脉搏以及红细胞等。本章节根据计量资料的特点,对统计描述中反映集中趋势和离散趋势的相关统计指标,如算术平均数、几何平均数、方差、标准差、最大值、最小值、中位数、百分位数和众数等的计算方法进行介绍,并结合 Excel 和 R 语言的相关操作对计量资料相关案例进行统计描述。

一、知识点

(一)统计描述的一般步骤

　　(1)判断数据资料的类型。数据资料的类型包括计量资料、计数资料和等级资料,本章节主要讲述计量资料统计描述相关操作。同时,确定计量资料属于开放型资料,还是非开放型资料。

　　(2)了解数据的分布类型。可以通过制作频数分布图/表来进行判断。

　　(3)计算统计指标。针对不同分布类型的计量资料,选择合适的统计描述指标描述数据的集中趋势和离散趋势。

(二)计量资料及其特点

　　计量资料指对每个观察单位某个指标用测量或其他度量方法准确获得的定量结果。计量资料有两个特点,一是有单位,如体重(kg)、年龄(y)、菌落数(CFU/mL)等;二是大部分计量资料属于连续性资料,即观测大样本数据,则测量值会充满某个区间,所有的测量值会落在这个区间内。理论上讲,这个区间内的数值都可能对应着某个/些测量值,可以简单地理解为大部分计量资料可以是带小数点的测量值。

　　数据资料采集过程中,可能出现样本中待测物含量低于仪器检测限或超出仪器检测能力范围等情况,导致数据两端或者一端缺失,数据有方向但无确切值,这一类型数据称为开放型数据,非开放型数据是相对于开放型数据而言的。

(三)频数分布表

　　在收集到数据样本后,应先了解数据的分布情况,如分布范围、集中位置以及分布形态等特征。频数分布表可以帮助了解数据资料的分布情况,发现可疑值,以便后续选择合适的统计方法做进一步的统计描述和统计分析。

　　编制频数分布表本质上就是把数据资料的取值范围分割成若干个互不相交的组段,统计每个组段内的观察值个数作为对应的频数,由各个组段的范围及其频数构成最基本的频数分布表。

　　频数分布表编制步骤:①求极差(即全距);②确定组数 n,组距 i,并写出组段;③列表画记。具体实现方法参照下文中的操作要点和案例分析。

(四)数据分布特征

计量资料的数据分布特征包括集中趋势(如算术平均数、几何平均数和中位数等)、离散趋势(如极差、百分位数和四分位数间距、方差、标准差和变异系数等)以及分布形状(如正态分布、偏态分布等)。如果数据为正态分布类型,集中趋势采用平均数指标,离散趋势采用方差、标准差等指标;如果数据为偏态分布或不规则分布类型,则集中趋势采用中位数,离散趋势采用四分位间距等指标。

(五)各种统计指标的计算方法

(1)非开放型数据,单峰对称分布或者近似对称分布,最好是正态分布。

算术平均数:$\overline{X} = \dfrac{1}{n}\sum\limits_{i=1}^{n} X_i$

总体方差:$\sigma^2 = \dfrac{\sum (x-\mu)^2}{N}$

样本方差:$S^2 = \dfrac{\sum (x-\overline{X})^2}{n-1}$

总体标准差:$\sigma = \sqrt{\dfrac{\sum (x-\mu)^2}{N}}$

样本标准差:$S = \sqrt{\dfrac{\sum (x-\overline{X})^2}{n-1}}$

(2)非开放型数据,尤其是成倍/比例变化数据,对数正态分布数据(原始数据不是正态分布,但转换成对数后呈正态分布)。

几何平均数:$G = \sqrt[n]{X_1 * X_2 * X_3 * \cdots * X_n}$ 或者 $G = \log^{-1}\dfrac{\sum\limits_{i=1}^{n} \log x}{n}$

(3)所有种类的数据,尤其是开放型数据。

最大值:取一组观察值中最大的值。
最小值:取一组观察值中最小的值。
中位数:将一组观察值从小到大排序,取位置居于中间的数。
百分位数:将一组观察值从小到大排序,取第 $x\%$ 个位置对应的数就是第 x 百分位数。
众数:取一组观察值中出现次数最多的值。

二、操作要点

(一)Excel

公式是 Excel 的一个强有力工具,也是 Excel 区别其他软件的重要特征。其各种复杂和高级的操作都可以通过公式来实现,同时统计计算也要通过各种数学公式来完成,因此将统计数学公式与 Excel 操作公式进行一一对应是本章学习的一个重点。

1. 数据的整理

数据的整理即将统计分析工作区内多列数据汇总为一列。

使用 Excel 数据分析库的统计描述工具时,其默认按列进行数据分析,如果要分析的数据为多行多列分布时,需要将多列汇总为一列。具体公式为:

```
= OFFSET(A1, − x ∗ INT((ROW(A1) − 1)/x),1 + INT((ROW(A1) − 1)/x),,)
♯ 其中 x 为需要汇总数据的行数
```

2. 统计指标计算

(1)频数计算

```
= COUNTIF(range,"＜num or＞num")
♯ 其中 range 为表格中统计数据范围,引号中为频数统计区间
♯ 本例中的"＜num or＞num",不能用""
```

(2)平均数、方差等计算

算术平均数:AVERAGE(range)

几何平均数:GEOMEAN(range)

求和:　　　SUM(range)

标准差:　　STDEVP(range)

方差:　　　STDEVP(range)^2

最大值:　　MAX(range)

最小值:　　MIN(range)

中位数:　　MEDIAN(range)

百分位数:　PERCENTILE(range,k),PERCENTILE. INC(range,k);$0 \leqslant k \leqslant 1$

　　　　　　PERCENTILE. EXC(range,k);$0 < k < 1$

众数:　　　MODE(range)

(二)R 语言

1. 设置工作目录

设置工作目录(Working Directory)是 R 语言运行的第一步,R 语言需要指定一个文件夹以便读取文件或者输出文件。当前的工作目录是 R 语言用来读取工作空间中文件和保存结果的默认目录。可以使用函数 getwd()来查看当前的工作目录,使用函数 setwd()设定当前的工作目录。如果需要读入一个不在当前工作目录下的文件,则需在调用语句中写明完整的路径。

2. 包的安装与载入

包是 R 语言中一些特定函数、数据等的集合,用于执行某些特定功能。有许多 R 语言函数可以用来管理包。首次安装一个包,使用命令 install. packages()即可。例如,tidyverse 包中提供了大量数据处理函数,可以使用命令 install. packages("tidyverse")来下载和安装。使

用命令 update. packages()可以更新已经安装的包。安装完成后要在 R 语言会话中使用它,还需要使用 library()命令载入这个包。例如,要使用 tidyverse 包,执行命令 library(tidyverse)即可。

3. 数据的输入与输出

1)数据的输入

(1)从文件导入

从 txt 与 tsv 格式文件导入的方法如下:

```
read. table("文件名",header = 逻辑值,sep = "分隔符")
        # 文件名要写清全名,如:data. txt,manifest. tsv
        # 若导入的文件有表头,则 header = T,反之 header = F
        # sep 为文件中的字段分隔符,txt 与 tsv 文件的分隔符为 tab,即 sep = "\t"
```

从 csv 格式文件导入的方法如下:

```
read. csv("文件名",header = 逻辑值,sep = ",")
```

从 xlsx 格式文件导入的方法如下:

```
install. packages("xlsx")              # 安装 xlsx 包,如果已经安装,则不用运行
library(xlsx)                          # 调用 xlsx 包
read. xlsx("文件名",sheetIndex = 1)    # 可指定 sheet,若不指定,则默认 sheet 1
```

(2)从复制粘贴板导入

```
read. table("clipboard",header = 逻辑值,sep = "分隔符")
# clipboard 译为"粘贴板",使用该方式时无须改变
# 若复制的数据带有表头即列名,则 header = T,反之 header = F
# 若复制的数据来自表格,其分隔符使用 sep = "\t",若以逗号分隔,则 sep = ","
```

(3)直接输入

用 c 函数输入向量类型数据:

```
a<-c(4.5,3.5,4.8,5.6,7.8,8.6,9.2,15.3,45.6,22.4)
```

2)数据的输出

(1)文本文件

```
write. table(x,"文件名",sep = ",")
# x 为要输出的对象,文件名可自定义
# 若保存为 csv 格式,则 sep = ",",若为 tsv 格式,则 sep = "\t"
```

(2)Excel 电子表格

```
write. xlsx(x,"文件名")
```

4. 数据框的结构及调用

R 语言拥有许多用于存储数据的对象类型,包括标量、向量、矩阵、数组、数据框和列表,由于数据框中不同的列可以包含不同模式(数值型、字符型等)的数据,存储数据的结构较为灵活,所以应用最多。

调用数据框中元素的方式有若干种。具体操作如下:

```
patientdata[1:3]                      # 选取 patientdata 数据框中第 1 至 3 列
patientdata[c("diabetes","status")]   # 选取 patientdata 数据框中列名或表头为 dia-
                                         betes 和 status 的数据
patientdata $ diabetes                # 选取 patientdata 数据框中列名或表头为"di-
                                         abetes"的数据
```

5. 计算统计指标相关函数

算数平均数:	mean(a)
几何平均数:	exp(mean(log(a)))
最大值:	max(a)
最小值:	min(a)
求和:	sum(a)
中位数:	median(a)
方差:	var(a)
标准差:	sd(a)
百分位数:	quantile(a)
众数出现的次数:	max(table(a))
众数:	which(table(a)==max(table(a)))

特别强调:R 语言代码中的符号采用英文半角,特别是引号、斜杠和点等。

三、操作案例

例 1　某次实验测定了 82 只小鼠的血清总胆固醇(TC,mmol/L),测定结果见表 2-1,试计算各项统计指标。

表 2-1　小鼠血清总胆固醇水平　　　　　　　　　　　　　　　mmol/L

5.53	4.34	5.60	3.55	4.13	3.93	4.20	4.35	4.31
4.81	5.80	4.08	4.90	4.92	3.94	6.34	4.89	4.16
3.05	4.50	4.48	3.62	4.52	3.97	4.11	4.37	5.26
4.98	2.72	5.39	3.75	3.70	4.94	3.90	6.10	4.56
4.39	4.09	3.76	4.28	4.69	4.02	4.54	3.78	5.33
4.44	4.53	4.50	3.79	4.28	4.53	4.55	5.20	4.49
5.57	4.21	4.88	4.44	4.96	4.70	4.57	4.45	4.33
3.53	4.84	4.10	3.84	4.96	4.45	5.65	4.47	5.01
4.21	4.56	3.89	4.73	5.11	5.10	4.67	5.40	3.22
4.71								

1. Excel 法

(1)将多列汇总到一列

如下图所示,首先新建 Excel 文档,将表 2-1 中的数据复制到 Excel 中。单击第一列最后一个数据下方的单元格,输入如下公式:

```
= OFFSET(A1, -9 * INT((ROW(A1) - 1)/9),1 + INT((ROW(A1) - 1)/9),,)
♯ 其中9为一列行数,如果第一列行数为10,则将9全部替换为10
```

在该单元格下拉直到最后一个数据为止,即全部汇总(图 2-1)。

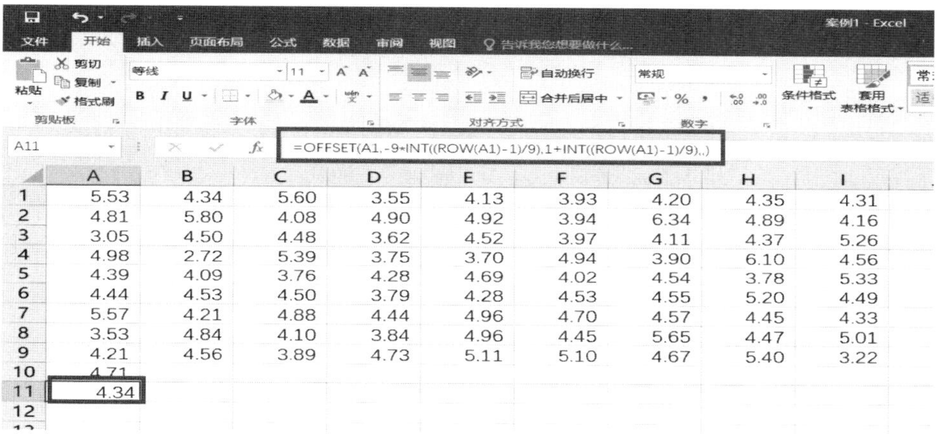

图 2-1 数据汇总

(2)频数分析,制作频数分布表

①确定分析指标:最大值、最小值、频数、频率等。

②最大值:

单击空白单元格→公式菜单→插入函数→统计→MAX→选择统计区域→确定。

单击空白单元格→输入“=MAX(A1:A82)”→回车。

③最小值:

单击空白单元格→公式菜单→插入函数→统计→MIN→选择统计区域→确定。

单击空白单元格→输入“=MIN(A1:A82)”→回车。

④组距:最大值-最小值=6.34-2.72=3.62,取 0.3 为组距。

⑤组数:13

⑥建立表头:在空白单元格中写入 TC 组段、频数、频率、累计频数、累计频率。

⑦根据组数、组距确定 TC 组段。如:2.6~,2.9~等。

⑧计算每一组频数。

第一组:=COUNTIF(A1:A82,"<2.9")。

第二组:=COUNTIF(A1:A82,"<3.2")-COUNTIF(A1:A82,"<2.9")

...

第十三组:=COUNTIF(A1:A82,"<6.5")-COUNTIF(A1:A82,"<6.2")

⑨计算每一组频率。

第一组：＝（E17/82）＊100

下拉至最后。

⑩计算每一组累计频数。

第一组：＝E17（等于第一组频数）

第二组：＝E18＋G17（等于本组频数＋上组累计频数）

下拉至最后。

⑪计算每一组累计频率。

第一组：＝F17（等于第一组频率）

第二组：＝F18＋H17（等于本组频率＋上组累计频率）

下拉至最后（图 2-2）。

由频数分析结果可知，某次实验测定的 82 只小鼠的血清总胆固醇含量数据符合近似正态分布特征，因此集中趋势指标选择算术平均数，离散趋势指标为方差、标准差等来对数据进行统计描述。

	D	E	F	G	H
16	TC组段	频数	频率（%）	累计频数	累计频率（%）
17	2.6~	1	1.219512	1	1.219512195
18	2.9~	1	1.219512	2	2.43902439
19	3.2~	1	1.219512	3	3.658536585
20	3.5~	8	9.756098	11	13.41463415
21	3.8~	9	10.97561	20	24.3902439
22	4.1~	15	18.29268	35	42.68292683
23	4.4~	19	23.17073	54	65.85365854
24	4.7~	13	15.85366	67	81.70731707
25	5.0~	5	6.097561	72	87.80487805
26	5.3~	5	6.097561	77	93.90243902
27	5.6~	3	3.658537	80	97.56097561
28	5.9~	1	1.219512	81	98.7804878
29	6.2~6.5	1	1.219512	82	100

图 2-2　频数分布表

（3）进行统计描述

①单击数据菜单→数据分析→统计描述→确定。

②如图 2-3 所示，打开"描述统计"后进行如下操作。

- 输入区域：选择汇总到第一列的数据。
- 分组方式：逐列。
- 输出区域：单击任意一个空白单元格。

③选择汇总统计。

④单击"确定"按钮，即出现如图 2-4 所示的分析结果。

图 2-3　"描述统计"对话框

列1	
平均	4.50549
标准误差	0.07225
中位数	4.485
众数	4.44
标准差	0.65425
方差	0.42804
峰度	0.61252
偏度	0.18544
区域	3.62
最小值	2.72
最大值	6.34
求和	369.45
观测数	82

图 2-4　分析结果

2. R 语言法

(1)数据录入

```
setwd("D:/file")
    # 设置工作目录,括号中为数据文件 data.csv 所在路径
    # 查找完整路径:右键点击文件选择"属性","位置"显示内容即为文件夹路径
    # R 语言中应将路径中"\"改为"/",如 D:\data.csv 应改为 D:/data.csv
    # 特别注意,R 语言里的命令及参数不能用全角,只能用半角
a<-read.csv("data.csv",head=F,sep=",")   # 导入数据
```

(2)绘制频数分布直方图与频数分布表

①频数分布直方图

```
a<-unlist(a)                    # 将多列数据归为一列
bins<-seq(2.6,6.5,by=0.3)       # 根据极值选择从 2.6 到 6.5 的范围分 13 组,组距为
                                  0.3
c<-hist(a,breaks=bins)          # 对数据进行分组并画图
c                               # 查看结果
```

结果为:

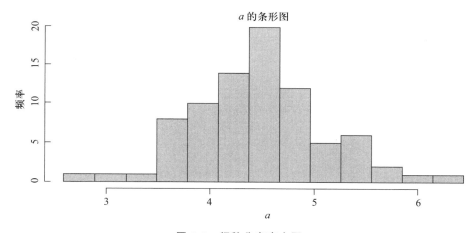

图 2-5　频数分布直方图

②频数分布表

```
counts<-c$counts                         # 计算每一组频数
points<-c$breaks[-1]                     # 每组上限
ranges<-paste(points-0.3,"~",sep="")     # 每组组距,设置为 0.3
TC<-data.frame(ranges,counts)            # 生成频数表,内容为组距和频数,写入 TC 中
```

生物统计分析操作教程

```
TC                              ♯ 查看结果
write.csv(TC,"result.csv")      ♯ 将结果存为 result.csv
```

结果为：

	ranges	counts
1	2.6~	1
2	2.9~	1
3	3.2~	1
4	3.5~	8
5	3.8~	10
6	4.1~	14
7	4.4~	20
8	4.7~	12
9	5.0~	5
10	5.3~	6
11	5.6~	2
12	5.9~	1
13	6.2~6.5	1

　　由频数分布直方图和频数分布表可知,实验测定的 82 只小鼠的血清总胆固醇含量数据符合近似正态分布特征,因此集中趋势指标选择算术平均数,离散趋势指标选择方差、标准差等来对数据进行统计描述。

　　(3)获取描述性统计量

```
summary(a)
♯ 注意,因表 2-1 不是标准行乘以列表,因此在数据导入数据框时有 8 个缺省值(NA),在计算方差及标准差时需要将缺省值(NA)清除(na.rm = T)。
var(a,na.rm = T)       ♯ 计算方差
sd(a,na.rm = T)        ♯ 计算标准差
```

结果为：

Min.	1stQu.	Median	Mean	3rd Qu.	Max.	NA's
2.720	4.103	4.485	4.505	4.897	6.340	8

方差:0.428 042 4

标准差:0.654 249 5

　　3. 小结

　　(1)实验测定的 82 只小鼠的血清总胆固醇数据为计量资料,且为非开放型数据;

　　(2)通过制作频数分布表和/或频数分布图可知,该数据符合近似正态分布的特征;

　　(3)在进行统计描述时选用算术平均数来描述数据的集中趋势,选用方差、标准差等来描述数据的离散趋势。

　　例 2　某罐头车间随机抽取 100 听罐头样品分别称取质量(g),结果如表 2-2 所示,试计算

各项统计指标。

表 2-2　随机抽取的 100 听罐头质量 　　　　g

331.2	339.7	340.5	342.1	343.3	344.1	345.3	346	347.3	350.2
335.1	339.8	340.6	342.2	343.4	344.2	345.5	346.2	348	350.2
336.3	339.9	340.7	342.3	343.5	344.2	345.5	346.2	348.4	350.3
336.7	339.9	341	342.3	343.5	344.2	345.6	346.3	348.5	352.8
337.3	340.2	341	342.4	343.7	344.2	345.6	346.6	348.6	353.3
338	340.2	341.1	342.5	343.7	344.2	345.6	346.8	348.9	356.1
338.2	340.2	341.1	342.6	343.9	344.3	345.8	347	349	358.2
338.4	340.3	341.1	342.6	344	344.4	346	347.1	350	342.1
339.3	340.3	341.1	342.7	344	345	346	347.2	350	343.2
339.5	340.5	342	343	344	345	346	347.2	350	344

1. Excel 法

（1）将多列汇总为一列

单击第一列最后一个数据下方空白单元格输入下方公式后下拉得到汇总到一列的数据，分析结果如图 2-6 所示。

$$= OFFSET(A1, -10 * INT((ROW(A1) - 1)/10), 1 + INT((ROW(A1) - 1)/10), ,)$$

	A	B	C	D	E	F	G	H	I	J	K
1	331.2	339.7	340.5	342.1	343.3	344.1	345.3	346	347.3	350.2	
2	335.1	339.8	340.6	342.2	343.4	344.2	345.5	346.2	348	350.2	
3	336.3	339.9	340.7	342.3	343.5	344.2	345.5	346.2	348.4	350.3	
4	336.7	339.9	341	342.3	343.5	344.2	345.6	346.3	348.5	352.8	
5	337.3	340.2	341	342.4	343.7	344.2	345.6	346.6	348.6	353.3	
6	338	340.2	341.1	342.5	343.7	344.2	345.6	346.8	348.9	356.1	
7	338.2	340.2	341.1	342.6	343.9	344.3	345.8	347	349	358.2	
8	338.4	340.3	341.1	342.6	344	344.4	346	347.1	350	342.1	
9	339.3	340.3	341.1	342.7	344	345	346	347.2	350	343.2	
10	339.5	340.5	342	343	344	345	346	347.2	350	344	
11	339.7										
12	339.8										
13	339.9										
14	339.9										
15	340.2										
16	340.2										
17	340.2										
18	340.3										
19	340.3										
20	340.5										
21	340.5										
22	340.6										
23	340.7										
24	341										
25	341										
26	341.1										
27	341.1										
28	341.1										
29	341.1										
30	342										

Sheet1　Sheet2　Sheet3　⊕

图 2-6　将多列汇总

（2）频数分析

确定分析指标：最大值，最小值，组数，组距。其余操作方法同前述案例，最终结果如图 2-7 所示。

由频数分析结果可知，罐头车间随机抽取的 100 听罐头样品质量数据符合近似正态分布特征，因此集中趋势指标选择算术平均数，离散趋势指标选择方差、标准差等来对数据进行统计描述。

（3）统计描述

操作方法同前述案例，统计描述分析结果如图 2-8 所示。

最大值	358.2
最小值	331.2
组数	3
组距	10

数量组段	频数	频率 (%)	累计频数	累计频率 (%)
329~	1	1	1	1
332~	0	0	1	1
335~	5	5	6	6
338~	19	19	25	25
341~	28	28	53	53
344~	27	27	80	80
347~	13	13	93	93
350~	4	4	97	97
353~	1	1	98	98
356~359	2	2	100	100

图 2-7　频数分析

列1	
平均	343.993
标准误差	0.425712
中位数	344
众数	344.2
标准差	4.257121
方差	18.12308
峰度	1.372237
偏度	0.367505
区域	27
最小值	331.2
最大值	358.2
求和	34399.3
观测数	100

图 2-8　统计描述

2. R 语言法

（1）数据录入

```
setwd("D:/file")
a<-read.table("clipboard",header=F,sep="\t")     # 从剪贴板导入数据
```

（2）频数分布直方图与频数分布表

①频数分布直方图。

```
a<-unlist(a)                   # 将多列数据归为一列
bins<-seq(329,359,by=3)        # 根据极值的范围分10组,组距为3
c<-hist(a,breaks=bins)         # 对数据进行分组并画图
c                              # 查看结果
```

最终结果如图 2-9 所示。

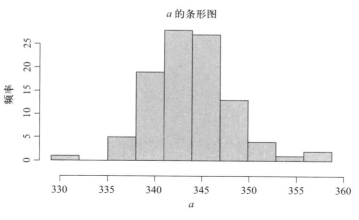

图 2-9　频数分布直方图

②频数分布表。

```
counts<-c$counts                          ＃ 计算每一组频数
points<-c$breaks[-1]                      ＃ 每组上限
ranges<-paste(points-3,"～",sep="")      ＃ 每组组距,设置为3
weight<-data.frame(ranges,counts)         ＃ 生成频数表,内容为组距和频数,写入
                                              weight 中
weight                                    ＃ 查看结果
```

结果为:

	ranges	counts
1	329～	1
2	332～	0
3	335～	5
4	338～	19
5	341～	28
6	344～	27
7	347～	13
8	350～	4
9	353～	1
10	356～359	2

由频数分布直方图和频数分布表可知,罐头车间随机抽取的 100 听罐头样品质量数据符合近似正态分布特征,因此集中趋势指标选择算术平均数,离散趋势指标选择方差、标准差等来对数据进行统计描述。

(3)获取描述性统计量

```
summary(a)            ＃ 获取描述性统计量
var(a)                ＃ 计算方差
```

sd(a)	# 计算标准差

结果为:

Min.	1st Qu.	Median	Mean	3rd Qu.	Max.
331.2	341.1	344.0	344.0	346.2	358.2

方差:18.123 08

标准差:4.257 121

3. 小结

(1)罐头车间随机抽取的 100 听罐头样品的质量数据作为计量资料,且为非开放型数据。

(2)通过制作频数分布表和/或频数分布图可知,该数据符合近似正态分布的特征。

(3)在进行统计描述时选用算术平均数来描述数据的集中趋势,选用方差、标准差等来描述数据的离散趋势。

例 3 某试剂公司开发了一款鸡新城疫疫苗,测定了注射疫苗后鸡群(183 只)的红细胞凝集抗体滴度,数据如表 2-3 所示,试根据数据计算平均抗体滴度。

表 2-3　鸡群的红细胞凝集抑制抗体滴度数据

抗体滴度	频数(f)	抗体滴度倒数(X)	$Y = \log X$	$f(\log X)$
1∶10	8	10	1.000 0	8.000 0
1∶20	38	20	1.301 0	49.439 1
1∶40	44	40	1.602 1	70.490 6
1∶80	47	80	1.903 1	89.445 2
1∶160	29	160	2.204 1	63.919 5
1∶320	15	320	2.505 2	37.577 3
1∶640	2	640	2.806 2	5.612 4
合计	183		102.103 2	324.484 1

该鸡群的血细胞凝集抑制抗体滴度作为计量资料,且由数据可知,抗体滴度的倒数 X 呈偏态分布,求对数(log)后所得变量 Y 符合近似正态分布特征,因此对该类型数据进行统计描述时应选用几何平均数描述其集中趋势。

1. 直接计算法

代入公式 $G = \sqrt[n]{X_1 \cdot X_2 \cdot X_3 \cdot \cdots \cdot X_n}$ 或者 $G = \log^{-1} \dfrac{\left(\sum_{i=1}^{n} \log x\right)}{n}$

上述公式经加权法转化后: $G = \log^{-1} \dfrac{\left(\sum_{i=1}^{n} f_n \log x_n\right)}{\sum f}$

根据频数分布表中相关数据代入后: $G = \log^{-1} \dfrac{(324.484 1)}{183} = 59.31$

因此,这群鸡的血细胞凝集素抑制抗体平均滴度为 1∶59.31

2. Excel 法

(1)将频数表中的数据录入 Excel 中

如图 2-10 所示，首先新建 Excel 文档，将表 2-3 中的抗体滴度倒数（X）录入 Excel 中。

	A	B	C	D	E	F	G	H	I
1	10	10	10	10	10	10	10	10	
2	20	20	20	20	20	20	20	20	
3	20	20	20	20	20	20	20	20	
4	20	20	20	20	20	20	20	20	
5	20	20	20	20	20	20	20	20	
6	20	20	20	20	20	20	40	40	
7	40	40	40	40	40	40	40	40	
8	40	40	40	40	40	40	40	40	
9	40	40	40	40	40	40	40	40	
10	40	40	40	40	40	40	40	40	
11	40	40	40	40	40	40	40	40	
12	40	40	80	80	80	80	80	80	
13	80	80	80	80	80	80	80	80	
14	80	80	80	80	80	80	80	80	
15	80	80	80	80	80	80	80	80	
16	80	80	80	80	80	80	80	80	
17	80	80	80	80	80	80	80	80	
18	80	160	160	160	160	160	160	160	
19	160	160	160	160	160	160	160	160	
20	160	160	160	160	160	160	160	160	
21	160	160	160	160	160	160	320	320	
22	320	320	320	320	320	320	320	320	
23	320	320	320	320	320	640	640		

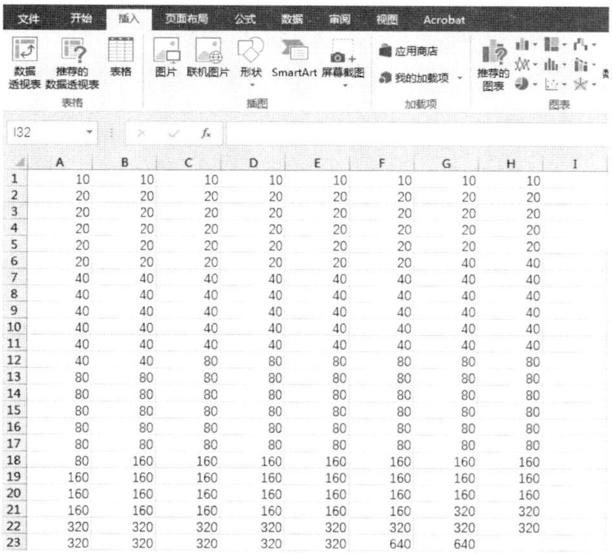

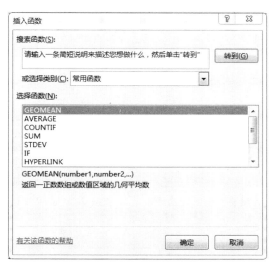

图 2-10　数据录入 Excel

（2）计算抗体滴度倒数（X）的几何均数

①单击第一列最后一个数据下方的单元格，单击函数命令 f(x)。

②如图 2-11 所示，打开“插入函数”对话框，选择 GEOMEAN 函数。

图 2-11　插入函数

③输入区域“A1:H23”，单击“确定”，即可得计算结果为 59.31，此计算结果为抗体滴度倒数（X）的几何平均数。因此，该鸡群的红细胞凝集素抑制抗体平均滴度为 1∶59.31（图 2-12）。

图 2-12　得出结果

3. R 语言法

```
setwd("D:/file")
a<-read.csv("data.csv",head=F,sep=",")        #导入数据
a<-unlist(a)                                    #将多列数据归为一列
exp(mean(log(a),na.rm=T))                       #计算几何平均数,由于数据中存在
                                                 缺省值,所以将na.rm设置为TRUE
```

结果为:

[1]59.311 26

此计算结果为抗体滴度倒数(X)的几何均数,因此该鸡群的红细胞凝集素抑制抗体平均抗体滴度为 1:59.31。

应用 Excal 和 R 语言进行计量资料统计描述的相关操作视频见二维码 2-1 和二维码 2-2。

二维码 2-1　应用 Excel 进行计量资料的统计描述　　　二维码 2-2　应用 R 语言进行计量资料的统计描述

第三章

计量资料分布的统计量与 P 值

准确判断计量资料的分布类型是后续统计分析的关键,针对不同分布类型的计量资料,其统计分析方法及策略不同。正态分布是计量资料中最为重要的分布类型,有着极其广泛的应用。在日常生活、生产以及科学研究过程中,产生的随机变量概率分布往往都可以近似地使用正态分布进行描述,如同质群体的身高和体重、实验过程中所产生的随机误差等。除正态分布外,计量资料还具有多种其他类型的分布,如 t 分布、χ^2 分布、F 分布等。了解和掌握计量资料分布类型及特点对于统计分析而言至关重要。

本章节重点介绍正态分布、t 分布、χ^2 分布、F 分布等的特点,针对不同分布类型资料的统计量和概率 P 值进行计算,尤其是通过查表法、Excel 法和 R 语言法对 Z 值、t 值、F 值、P 值进行计算。

一、知识点

(一)常用的数据分布类型及特点

1. 正态分布的特点

①正态曲线为钟形曲线,在坐标轴中以 $X=\mu$ 为中心左右对称,且以 x 轴为渐近线。

②正态曲线在 $X=\mu$ 处有最大值,其值为 $f(\mu)=\dfrac{1}{\sigma\sqrt{2\pi}}$;在 $x=\mu\pm\sigma$ 处有拐点。

③正态分布有 2 个参数 μ 和 σ。μ 决定正态曲线在 x 轴上的集中位置,称为位置参数;σ 决定正态曲线的形状。若 μ 恒定,则 σ 越大,曲线越平坦,反之则越陡峭。

④对应于正态分布参数 μ 和 σ 的不同取值,正态曲线的位置和形状会发生变化,但都可转化为标准的正态分布 $N(0,1)$,转换方法为 $z=\dfrac{x-\mu}{\sigma}$。

2. t 分布的特点

①单峰分布,标准 t 分布在坐标轴中以 $t=0$ 为中心,左右对称。

②t 分布的曲线形态取决于自由度 v 的大小,自由度 v 越小,则 t 越分散,曲线的峰越矮,而尾部翘的越高。

③当自由度 v 趋近于无穷大时,$S_{\bar{x}}$ 趋近于 $\sigma_{\bar{x}}$,t 分布近似标准正态分布,故而标准正态分布是 t 分布的特例。

3. F 分布的特点

①F 分布为非对称分布,在坐标系第一象限内。

②F 分布具有 2 个自由度,分别为第一自由度 m 和第二自由度 n。

③F 分布的不同自由度决定了图形的形状,若第一自由度 m 确定,第二自由度 n 越小,F 分布偏态越严重。

4. χ^2 分布的特点

①分布在坐标系第一象限内,χ^2 值为正值,呈正偏态(右偏态)分布,随着参数的增大,χ^2 分布趋近于正态分布;χ^2 分布密度曲线下面积为 1。

②随着自由度的增大,χ^2 分布向正无穷大方向延伸(因为数据均值越来越大),分布曲线

也越来越低矮。

③不同的自由度决定不同的 χ^2 分布，自由度越小，分布越偏斜。

(二)统计量与 P 值的计算

具体统计量的计算包括 $Z=\dfrac{x-\mu}{\sigma}$、$t=\dfrac{x-\bar{x}}{S_{\bar{x}}}$、$F=\dfrac{S_1^2}{S_2^2}$ 等。

确定了数据分布类型和统计量后，可根据其概率分布密度函数进行不同区域 P 值的计算。例如标准正态分布的概率计算公式为 $P(Z\leqslant\mu)=\int_{-\infty}^{u}f(z)\,\mathrm{d}z=\int_{-\infty}^{u}\dfrac{1}{\sqrt{2\pi}}\exp(-\dfrac{z^2}{2})\,\mathrm{d}z$ 。如果求不同区域的概率值，可通过标准概率公式进行换算，如 $P(Z>\mu)=1-P(Z\leqslant\mu)$，$P(-\mu\leqslant Z\leqslant\mu)=2\times(1-P(Z\leqslant\mu))$。具体实现方法可参照下文中的操作要点和案例分析。

二、操作要点

(一)查表法的注意事项

首先应确定数据满足何种分布类型，如正态分布、t 分布、F 分布等。根据数据分布类型选择适当的统计表。

然后确定所查表格中统计值对应的是单侧还是双侧分布概率(注：F 分布和 χ^2 分布只有单侧)，若为单侧分布概率与统计值表，在查询双侧分布时应将概率值除以 2 后进行查询。若单侧左尾分布，在查询右尾时根据对称特点，查统计值负数的左尾即可。

(二)软件计算

在 Excel 和 R 语言中不同的公式和命令对应的分布概率函数不同，需分别讨论。

1. Excel 法

(1)正态分布

NORMSDIST(Z)函数可根据 Z 值计算 P 值，该函数对应分布函数计算公式为 F(X)=P{X≤x}，为单侧左尾概率。

NORMSINV(P)函数可根据 P 值计算 Z 值，该函数对应分布函数计算公式为 F(X)=P{X≤x}，为单侧左尾概率。

(2)t 分布法

TDIST(T,df,tails)函数可根据 t 值计算 P 值，当 tails=1 时为右尾分布，tails 为 2 时为双侧分布。df 为自由度。

TINV(P,df)函数可根据 P 值计算 t 值，该函数默认为双侧分布。

2. R 语言法

(1)正态分布

pnorm()函数可根据 Z 值计算 P 值，该函数中参数 lower.tail=TRUE 时，分布函数计算公式为 F(X)=P{X≤x}，为单侧左尾概率；lower.tail=FALSE 时，分布函数计算公式为 F(X)=P{X>x}，为单侧右尾概率。

具体用法为：

```
pnorm(q,mean = 0,sd = 1,lower.tail,log.p)
    # q:需要输入的 Z 值
    # mean:均值,缺省值为 0
    # sd:标准差,缺省值为 1
    # log.p:为 FALSE 时,结果为正态分布;为 TRUE 时,结果为对数正态分布
```

qnorm()函数可根据 P 值计算 Z 值,该函数中参数 lower.tail＝TRUE 时,分布函数计算公式为 $F(X)=P\{X\leqslant x\}$,为单侧左尾概率 P 值对应的 Z 值;lower.tail＝FALSE 时,分布函数计算公式为 $F(X)=P\{X>x\}$,为单侧右尾概率 P 值对应的 Z 值,所以在求 P 值时应作适当变化。

具体用法为：

```
qnorm(p,mean = 0,sd = 1,lower.tail = FALSE,log.p = FALSE)
    # p:需要输入的 P 值
    # mean:均值,缺省值为 0
    # sd:标准差,缺省值为 1
    # log.p:为 FALSE 时,正态分布;为 TRUE 时,对数正态分布
```

(2)t 分布

pt()函数确定已知 t、df 值时对应的 P 值,该函数中参数 lower.tail＝TRUE 时,分布函数计算公式为 $F(X)=P\{X\leqslant x\}$,为单侧左尾概率;lower.tail＝FALSE 时,分布函数计算公式为式为 $F(X)=P\{X>x\}$,为单侧右尾概率。

具体用法为：

```
pt(q,df,ncp,lower.tail,log.p)
    # q:需要输入的 t 值
    # df:自由度
    # ncp:偏度,缺省值为标准 t 分布
```

qt()函数确定已知 df 与 P 值时对应的 t 值,该函数中参数 lower.tail＝TRUE 时,分布函数计算公式为 $F(X)=P\{X\leqslant x\}$,为单侧左尾概率 P 值对应的 t 值;lower.tail＝FALSE 时,分布函数计算公 $F(X)=P\{X>x\}$,为单侧右尾概率 P 值对应的 t 值。

具体用法为：

```
qt(p,df,ncp,lower.tail,log.p)
    # p:需要输入的 P 值
    # df:自由度
    # ncp:偏度,缺省值为标准 t 分布
```

三、操作案例

(一)正态分布

已知 Z 值，求 P 值

例1 求 $Z=2.58$ 时的双尾 P 值。

1. 查表法

(1)确定表类型：如表 3-1 所示，该表为 Z 值表为单侧分布（左尾），则应查 $Z=-2.58$ 时对应的单尾 P 值，再将其乘以 2 得到 $Z=2.58$ 时的双尾 P 值。

(2)定位 Z 值，确定单尾 P 值。

表 3-1　单侧分布(左尾)概率与 Z 值表

z	.00	.01	.02	.03	.04	.05	.06	.07	.08	.09
−3.4	.000 3	.000 3	.000 3	.000 3	.000 3	.000 3	.000 3	.000 3	.000 3	.000 2
−3.3	.000 5	.000 5	.000 5	.000 4	.000 4	.000 3	.000 4	.000 4	.000 4	.000 3
−3.2	.000 7	.000 7	.000 6	.000 6	.000 6	.000 6	.000 6	.000 5	.000 5	.000 5
−3.1	.001 0	.000 9	.000 9	.000 9	.000 8	.000 8	.000 8	.000 8	.000 7	.000 7
−3.0	.001 3	.001 3	.001 3	.001 2	.001 2	.001 1	.001 1	.001 1	.001 0	.001 0
−2.9	.001 9	.001 8	.001 8	.001 7	.001 6	.001 6	.001 5	.001 5	.001 4	.001 4
−2.8	.002 6	.002 5	.002 4	.002 3	.002 3	.002 2	.002 1	.002 1	.002 0	.001 9
−2.7	.003 5	.003 4	.003 3	.003 2	.003 1	.003 0	.002 9	.002 8	.002 7	.002 6
−2.6	.004 7	.004 5	.004 4	.004 3	.004 1	.004 0	.003 9	.003 8	.003 7	.003 6
−2.5	.006 2	.006 0	.005 9	.005 7	.005 5	.005 4	.005 2	.005 1	.004 9	.004 8
−2.4	.008 2	.008 0	.007 8	.007 5	.007 3	.007 1	.006 9	.006 8	.006 6	.006 4

如上分析，根据表 3-1 以及所给条件需找到 $Z=-2.58$ 对应的 P 值。表中第一行与第一列都为 Z 值，其余为 Z 值对应的 P 值。$Z=-2.58$ 需先在第一列中找到 -2.50，接着在第一行中找到 0.08，最后定位 $Z=-2.58$ 时对应的单尾 P 值为 $0.004\ 9$。

(3)双尾 P 值计算。查得 $Z=-2.58$ 对应单尾 P 值为 $0.004\ 9$，本案例中需要求双尾 P 值，所以应将查表得到的单尾 P 值乘以 2，即双尾 $P=0.004\ 9\times 2=0.009\ 8\approx 0.01$。

最终结果：$Z=2.58$ 时的双尾 P 值为 0.01。

2. 直接计算法

(1)Excel 法

在空白单元格中输入：$=2*(1-\text{NORMSDIST}(2.58))$，按回车键可得结果为 $0.009\ 880\ 032\approx 0.01$。

最终结果：$Z=2.58$ 时的双尾 P 值为 0.01。

(2)R 语言法

在 R 语言中输入：

```
2 * pnorm(2.58,mean = 0,sd = 1,lower. tail = FALSE,log. p = FALSE)
```

最终结果：$Z=2.58$ 时的双尾 P 值为 $0.009\ 880\ 032\approx 0.01$。

例2 求$Z = 2.03$时的右尾P值。

1. 查表法

根据表3-2可知:$Z = 2.03$时的右尾P值为$0.0212 \approx 0.02$。

2. 直接计算法

(1)Excel法

在空白单元格中输入:=1−NORMSDIST(2.03),按回车键可得结果为$0.02117827 \approx 0.02$。

表 3-2　单侧分布(左尾)概率与Z值表

z	0.00	0.01	0.02	0.03	0.04	0.05	0.06	0.07	0.08	0.09
−3.4	0.0003	0.0003	0.0003	0.0003	0.0003	0.0003	0.0003	0.0003	0.0003	0.0002
−3.3	0.0005	0.0005	0.0005	0.0004	0.0004	0.0004	0.0004	0.0004	0.0004	0.0003
−3.2	0.0007	0.0007	0.0006	0.0006	0.0006	0.0006	0.0006	0.0005	0.0005	0.0005
−3.1	0.0010	0.0009	0.0009	0.0009	0.0008	0.0008	0.0008	0.0008	0.0007	0.0007
−3.0	0.0013	0.0013	0.0013	0.0012	0.0012	0.0011	0.0011	0.0011	0.0010	0.0010
−2.9	0.0019	0.0018	0.0018	0.0017	0.0016	0.0016	0.0015	0.0015	0.0014	0.0014
−2.8	0.0026	0.0025	0.0024	0.0023	0.0023	0.0022	0.0021	0.0021	0.0020	0.0019
−2.7	0.0035	0.0034	0.0033	0.0032	0.0031	0.0030	0.0029	0.0028	0.0027	0.0026
−2.6	0.0047	0.0045	0.0044	0.0043	0.0041	0.0040	0.0039	0.0038	0.0037	0.0036
−2.5	0.0062	0.0060	0.0059	0.0057	0.0055	0.0054	0.0052	0.0051	0.0049	0.0048
−2.4	0.0082	0.0080	0.0078	0.0075	0.0073	0.0071	0.0069	0.0068	0.0066	0.0064
−2.3	0.0107	0.0104	0.0102	0.0099	0.0096	0.0094	0.0091	0.0089	0.0087	0.0084
−2.2	0.0139	0.0136	0.0132	0.0129	0.0125	0.0122	0.0119	0.0116	0.0113	0.0110
−2.1	0.0179	0.0174	0.0170	0.0166	0.0162	0.0158	0.0154	0.0150	0.0146	0.0143
−2.0	0.0228	0.0222	0.0217	0.0212	0.0207	0.0202	0.0197	0.0192	0.0188	0.0183
−1.9	0.0287	0.0281	0.0274	0.0268	0.0262	0.0256	0.0250	0.0244	0.0239	0.0233

最终结果:$Z = 2.03$时的右尾P值为0.02。

(2)R语言法

在R语言中输入:

```
pnorm(2.03,mean = 0,sd = 1,lower.tail = FALSE,log.p = FALSE)
```

最终结果:$Z = 2.03$时的右尾P值为$0.02117827 \approx 0.02$。

已知P值,求Z值

例3 求单侧(右尾)分布$P = 0.05$对应的Z值。

1. 查表法

(1)确定表的类型

如表3-3所示,该表为单侧分布(左尾)概率与Z值表,则应查到P值对应Z值后应做相应变换。

(2)定位P值,确定左尾Z值

如上分析,在表中概率值区域找到0.05的位置,处于0.0495和0.0505之间,在这个位置的行对应为$−1.6$,列对应为$−0.05$与$−0.04$之间,所以对应Z值应在$−1.65$与$−1.64$之间,故取左尾 Z 值为 -1.645。

（3）根据条件计算右尾 Z 值

查得左尾 Z 值为 -1.645，本案例中需要求右尾 Z 值，所以应将查到的左尾 Z 值乘以 -1，即右尾 $Z = -(-1.645) = 1.645$。

最终结果：单侧（右尾）分布 $P = 0.05$ 对应的 Z 值为 1.645。

2. 直接计算法

（1）Excel 法

在空白单元格中输入：$= -$NORMSINV(0.05)，按回车键可得结果为 $1.644\,853\,627 \approx 1.645$。

表 3-3　单侧分布（左尾）概率与 Z 值表

z	0.00	0.01	0.02	0.03	0.04	0.05	0.06	0.07	0.08	0.09
-3.4	0.000 3	0.000 3	0.000 3	0.000 3	0.000 3	0.000 3	0.000 3	0.000 3	0.000 3	0.000 2
-3.3	0.000 5	0.000 3	0.000 5	0.000 4	0.000 4	0.000 4	0.000 4	0.000 4	0.000 4	0.000 3
-3.2	0.000 7	0.000 7	0.000 6	0.000 6	0.000 6	0.000 6	0.000 6	0.000 5	0.000 5	0.000 5
-3.1	0.001 0	0.000 9	0.000 9	0.000 9	0.000 8	0.000 8	0.000 8	0.000 8	0.000 7	0.000 7
-3.0	0.001 3	0.001 3	0.001 3	0.001 2	0.001 2	0.001 1	0.001 1	0.001 1	0.001 0	0.001 0
-2.9	0.001 9	0.001 8	0.001 8	0.001 7	0.001 6	0.001 6	0.001 5	0.001 5	0.001 4	0.001 4
-2.8	0.002 6	0.002 5	0.002 4	0.002 3	0.002 3	0.002 2	0.002 1	0.002 1	0.002 0	0.001 9
-2.7	0.003 5	0.003 4	0.003 3	0.003 2	0.003 1	0.003 0	0.002 9	0.002 8	0.002 7	0.002 6
-2.6	0.004 7	0.004 5	0.004 4	0.004 3	0.004 1	0.004 0	0.003 9	0.003 8	0.003 7	0.003 6
-2.5	0.006 2	0.006 0	0.005 9	0.005 7	0.005 5	0.005 4	0.005 2	0.005 1	0.004 9	0.004 8
-2.4	0.008 2	0.008 0	0.007 8	0.007 5	0.007 3	0.007 1	0.006 9	0.006 8	0.006 6	0.006 4
-2.3	0.010 7	0.010 4	0.010 2	0.009 9	0.009 6	0.009 4	0.009 1	0.008 9	0.008 7	0.008 4
-2.2	0.013 9	0.013 6	0.013 2	0.012 9	0.012 5	0.012 2	0.011 9	0.016	0.011 3	0.011 0
-2.1	0.017 9	0.017 4	0.017 0	0.016 6	0.016 2	0.015 8	0.015 4	0.015 0	0.014 6	0.014 3
-2.0	0.022 8	0.022 2	0.021 7	0.021 2	0.020 7	0.020 2	0.019 7	0.019 2	0.018 8	0.018 3
-1.9	0.028 7	0.028 1	0.027 4	0.026 8	0.026 2	0.025 6	0.025 0	0.024 4	0.023 9	0.023 3
-1.8	0.035 9	0.035 1	0.034 4	0.033 6	0.032 9	0.032 2	0.031 4	0.030 7	0.030 1	0.029 4
-1.7	0.044 6	0.043 6	0.042 7	0.041 8	0.040 9	0.040 1	0.039 2	0.038 4	0.037 5	0.036 7
-1.6	0.054 8	0.053 7	0.052 6	0.051 6	0.050 5	0.049 5	0.048 5	0.047 5	0.046 5	0.045 5
-1.5	0.066 8	0.065 5	0.064 3	0.063 0	0.061 8	0.060 6	0.059 4	0.058 2	0.057 1	0.055 9

最终结果：单侧（右尾）分布 $P = 0.05$ 对应的 Z 值为 1.645。

（2）R 语言法

在 R 语言中输入：

```
qnorm(0.05,mean = 0,sd = 1,lower. tail = FALSE,log. p = FALSE)
```

最终结果：$P = 0.05$ 时的右尾 Z 值为 $1.644854 \approx 1.645$。

例4 求双侧分布 $P = 0.001\,6$ 对应的 Z 值。

1. 查表法

（1）确定表类型

如表 3-4 所示为单侧分布（左尾）概率与 Z 值表，则查到 P 值对应 Z 值后应做相应变换。此案例中由于 P 值为双侧分布，所以单侧 P 值应除以 2，即单侧 $P = 0.001\,6 \div 2 = 0.000\,8$。

表 3-4　单侧分布(左尾)概率与 Z 值表

z	0.0	0.01	0.02	0.03	0.04	0.05	0.06	0.07	0.08	0.09
−3.4	0.000 3	0.000 3	0.000 3	0.000 3	0.000 3	0.000 3	0.000 3	0.000 3	0.000 3	0.000 2
−3.3	0.000 5	0.000 5	0.000 5	0.000 4	0.000 4	0.000 4	0.000 4	0.000 4	0.000 4	0.000 3
−3.2	0.000 7	0.000 7	0.000 6	0.000 6	0.000 6	0.000 6	0.000 6	0.000 5	0.000 5	0.000 5
−3.1	0.001 0	0.000 9	0.000 9	0.000 9	0.000 8	0.000 8	0.000 8	0.000 8	0.000 7	0.000 7
−3.0	0.001 3	0.001 3	0.001 3	0.001 2	0.001 2	0.001 1	0.001 1	0.001 1	0.001 0	0.001 0
−2.9	0.001 9	0.001 8	0.001 8	0.001 7	0.001 6	0.001 6	0.001 5	0.001 5	0.001 4	0.001 4

(2)定位 P 值,确定 Z 值

根据查表 3-4 结果可知:单侧分布 $P=0.008$,即双侧分布 $P=0.001\,6$ 对应的 Z 值约为 3.155。

2. 直接计算法

(1)Excel 法

在空白单元格中输入:=−NORMSINV(0.0016/2),按回车键可得结果为 $3.155\,906\,758\approx3.156$。

最终结果:双侧分布 $P=0.001\,6$ 对应的 Z 值应为 3.156。

(2)R 语言法

在 R 语言中输入:

```
qnorm(0.000 8,mean = 0,sd = 1,lower. tail = FALSE,log. p = FALSE)
```

最终结果:双侧分布 $P=0.001\,6$ 对应的 Z 值应为 $3.155\,907\approx3.156$。

(二)t 分布

已知 t 值、df 值,求 P 值

例 1　已知 $t=2.228\,139$,$\mathrm{df}=10$,求单侧分布的右尾概率 P 值。

1. 查表法

(1)确定表类型。表 3-5 为 t 值与单侧分布(右尾)概率表,无须变换。

表 3-5　t 值与单侧分布(右尾)概率表

df	.25	.20	.15	.10	.05	.025	.02	.01	.005	.0025	.001	.000 5
1	1.000	1.376	1.963	3.078	6.314	12.71	15.89	31.82	63.66	127.3	318.3	636.6
2	0.816	1.061	1.386	1.886	2.920	4.003	4.849	6.965	9.925	14.09	22.33	31.60
3	0.765	0.978	1.250	1.638	2.353	3.082	3.482	4.541	5.841	7.453	10.21	12.92
4	0.741	0.941	1.190	1.533	2.132	2.076	2.999	3.747	4.604	5.598	7.173	8.610
5	0.727	0.920	1.156	1.476	2.015	2.071	2.757	3.365	4.032	4.773	5.893	6.869
6	0.718	0.906	1.134	1.440	1.943	2.047	2.612	3.143	3.707	4.317	5.208	5.959
7	0.711	0.896	1.119	1.415	1.895	2.065	2.517	2.998	3.449	4.029	4.785	5.408
8	0.706	0.889	1.108	1.397	1.860	2.006	2.449	2.896	3.355	3.833	4.501	5.041
9	0.703	0.883	1.100	1.383	1.833	2.062	2.398	2.821	3.250	3.690	4.297	4.781
10	0.700	0.879	1.093	1.372	1.812	2.228	2.359	2.764	3.169	3.581	4.144	4.587
11	0.697	0.876	1.088	1.363	1.796	2.201	2.328	2.718	3.106	3.497	4.025	4.437
12	0.695	0.873	1.083	1.356	1.782	2.179	2.303	2.681	3.055	3.428	3.930	4.318

（2）根据 df 值定位 t 值，确定 P 值

已知 df＝10 且 t＝2.228 139≈2.228，则在 df＝10 的那一行中找到数值最为接近的 t 值，与之对应的则为 P 值。

最终结果：t＝2.228 139，df＝10 时单侧分布的右尾概率 P 值为 0.025。

2. 直接计算法

（1）Excel 法

在空白单元格中输入：＝TDIST(2.228 139,10,1)，按回车键可得结果为 0.024 999 994≈0.025。

最终结果：t＝2.228 139，df＝10 时单侧分布的右尾概率 P 值为 0.025。

（2）R 语言法

在 R 语言中输入：

```
pt(2.228 139,10,lower.tail = FALSE,log.p = FALSE)
```

最终结果：t＝2.228 139，df＝10 时单侧分布的右尾概率 P 值为 0.025。

例 2　已知 t＝1.067，df＝18，求双侧分布的概率 P 值。

1. 查表法

（1）确定表类型

如表 3-6 所示为 t 值与单侧分布（右尾）概率表，因为此案例求双侧分布概率值，所以在查到对应 P 值之后应将结果乘以 2。

表 3-6　t 值与单侧分布（右尾）概率表

df	0.25	0.20	0.15	0.10	0.05	0.025	0.02	0.01	0.005	0.0025	0.001	0.000 5
1	1.000	1.376	1.963	3.078	6.314	12.71	15.89	31.82	63.66	127.3	318.3	636.6
2	0.816	1.061	1.286	1.886	2.920	4.303	4.849	6.965	9.925	14.09	22.33	31.60
3	0.765	0.978	1.250	1.638	2.353	3.182	3.482	4.541	5.841	7.453	10.21	12.92
4	0.741	0.941	1.290	1.533	2.132	2.776	2.999	3.747	4.604	5.598	7.173	8.610
5	0.727	0.920	1.156	1.476	2.015	2.571	2.757	3.365	4.032	4.773	5.893	6.869
6	0.718	0.906	1.134	1.440	1.943	2.447	2.612	3.143	3.707	4.317	5.208	5.959
7	0.711	0.896	1.119	1.415	1.895	2.365	2.517	2.998	3.499	4.029	4.785	5.408
8	0.706	0.889	1.108	1.397	1.860	2.306	2.449	2.896	3.355	3.833	4.501	5.401
9	0.703	0.883	1.100	1.383	1.833	2.262	2.398	2.821	3.250	3.690	4.297	4.781
10	0.700	0.879	1.093	1.372	1.812	2.228	2.359	2.764	3.169	3.581	4.144	4.587
11	0.697	0.876	1.088	1.363	1.796	2.201	2.328	2.718	3.106	3.497	4.025	4.437
12	0.695	0.873	1.083	1.356	1.782	2.179	2.303	2.681	3.055	3.428	3.930	4.318
13	0.694	0.870	1.079	1.350	1.771	2.160	2.282	2.650	3.012	3.372	3.852	4.221
14	0.692	0.868	1.076	1.345	1.761	2.145	2.264	2.624	2.977	3.326	3.787	4.140
15	0.691	0.866	1.074	1.341	1.753	2.131	2.249	2.602	2.947	3.286	3.733	4.073
16	0.690	0.865	1.071	1.337	1.746	2.120	2.235	2.583	2.921	3.252	3.686	4.016
17	0.689	0.863	1.069	1.333	1.740	2.110	2.224	2.567	2.898	3.222	3.646	3.965
18	0.688	0.862	1.067	1.330	1.734	2.101	2.214	2.552	2.878	3.197	3.611	3.922
19	0.688	0.861	1.066	1.328	1.729	2.093	2.205	2.539	2.861	3.174	3.579	3.883
20	0.687	0.860	1.064	1.325	1.725	2.086	2.197	2.528	2.845	3.153	3.552	3.850

（2）根据 df 值定位 t 值，确定 P 值

最终结果：$t=1.067$，df$=18$，双侧分布的概率值为 $0.15 \times 2 = 0.3$。

2. 直接计算法

（1）Excel 法

在空白单元格中输入$=$TDIST$(1.067,18,2)$，按回车键可得结果为 $0.300\,074\,481 \approx 0.3$。

最终：$t=1.067$，df$=18$，双侧分布的概率值为 0.3。

（2）R 语言法

在 R 语言中输入：

```
2 * pt(1.067,18,lower. tail = FALSE,log. p = FALSE)
```

最终结果为：$t=1.067$，df$=8$，双侧分布 $P=0.025$ 对应 t 值为 $0.300\,074\,5 \approx 0.3$。

已知自由度、P 值，求 t 值

例 3 求双尾 $t_{0.05(10)}$ 的值。

1. 查表法

（1）确定表类型

如表 3-7 所示为 t 值单侧分布（右尾）概率表，则应先将 P 值除以 2 转化为单侧分布。

（2）定位 df 与 P 值，确定 t 值

如上分析，根据图表以及所给条件需找到 df$=10$、$P=0.05/2=0.025$ 对应的 t 值。表 3-7 中第一行为 P 值，第一列为 df 值，其余为 t 值。

表 3-7 t 值与单侧分布（右尾）概率表

df	0.25	0.20	0.15	0.10	0.05	0.025	0.02	0.01	0.005	0.0025	0.001	0.000 5
1	1.000	1.376	1.963	3.078	6.314	12.71	15.89	31.82	63.66	127.3	318.3	636.6
2	0.816	1.061	1.386	1.886	2.920	4.103	4.849	6.965	9.925	14.09	22.33	31.60
3	0.765	0.978	1.250	1.638	2.353	3.082	3.482	4.541	5.841	7.453	10.21	12.92
4	0.741	0.941	1.190	1.533	2.132	2.476	2.999	3.747	4.604	5.598	7.173	8.610
5	0.727	0.920	1.156	1.476	2.015	2.471	2.757	3.365	4.032	4.773	5.893	6.869
6	0.718	0.906	1.134	1.440	1.943	2.447	2.612	3.143	3.707	4.317	5.208	5.959
7	0.711	0.896	1.119	1.415	1.895	2.465	2.517	2.998	3.499	4.029	4.785	5.408
8	0.706	0.889	1.108	1.397	1.860	2.406	2.449	2.896	3.355	3.833	4.501	5.041
9	0.703	0.883	1.100	1.383	1.833	2.262	2.398	2.821	3.250	3.690	4.297	4.781
10	0.700	0.879	1.093	1.372	1.812	2.228	2.359	2.764	3.169	3.581	4.144	4.587
11	0.697	0.876	1.088	1.363	1.796	2.201	2.328	2.718	3.106	3.497	4.025	4.437
12	0.695	0.873	1.083	1.356	1.782	2.176	2.303	2.681	3.055	4.428	3.930	4.318

需先在第一列中找到 10（df$=10$），并在第一行中找到 0.025（$P=0.025$），最后定位 t 值。

最终结果：双尾 $t_{0.05(10)}$ 的值为 2.228。

2. 直接计算法

（1）Excel 法

在空白单元格中输入：$=$TINV$(0.05,10)$，按回车键可得结果为：$2.228\,138\,852 \approx 2.228$。

最终：双尾 $t_{0.05(10)}$ 的值为 2.228。

（2）R 语言法

在 R 语言中输入：

```
qt(0.025,10,lower.tail = FALSE,log.p = FALSE)
```

最终结果：双尾 $t_{0.05(10)}$ 的值为 2.228 139≈2.228。

例 4 已知自由度为 8，左尾分布 $P=0.025$，求 t 值。

1. 查表法

（1）确定表类型

如表 3-8 所示为 t 值与单侧分布（右尾）概率表，因为此案例为左尾分布 t 值，所以在查到对应 t 值之后应乘以−1。

表 3-8　t 值与单侧分布（右尾）概率表

df	.25	.20	.15	.10	.05	.025	.02	.01	.005	.0025	.001	.000 5
1	1.000	1.376	1.963	3.078	6.314	12.71	15.89	31.82	63.66	127.3	318.3	636.6
2	0.816	1.061	1.386	1.886	2.920	4.103	4.849	6.965	9.925	14.09	22.33	31.60
3	0.765	0.978	1.250	1.638	2.353	3.083	3.482	4.541	5.841	7.453	10.21	12.92
4	0.741	0.941	1.190	1.533	2.132	2.476	2.999	3.747	4.604	5.598	7.173	8.610
5	0.727	0.920	1.156	1.476	2.015	2.471	2.757	3.365	4.032	4.773	5.893	6.869
6	0.718	0.906	1.134	1.440	1.943	2.347	2.612	3.143	3.707	4.317	5.208	5.959
7	0.711	0.896	1.119	1.415	1.895	2.365	2.517	2.998	3.499	4.029	4.785	5.408
8	0.706	0.889	1.106	1.397	1.860	2.306	2.449	2.896	3.355	3.833	4.501	5.041
9	0.703	0.883	1.100	1.383	1.833	2.262	2.398	2.821	3.250	3.690	4.297	4.781
10	0.700	0.879	1.093	1.372	1.812	2.228	2.359	2.764	3.169	3.581	4.144	4.587
11	0.697	0.876	1.088	1.363	1.796	2.201	2.328	2.718	3.106	3.497	4.025	4.437
12	0.695	0.873	1.083	1.356	1.782	2.179	2.303	2.681	3.055	3.428	3.930	4.318

（2）定位 df 与 P 值，确定 t 值

根据查表结果可知：自由度为 8，左尾分布 $P=0.025$ 对应 t 值为−2.306。

2. 直接计算法

（1）Excel 法

在空白单元格中输入：=−TINV(0.025 * 2,8)，按回车键可得结果为−2.306 004 135≈−2.306。

最终结果：自由度为 8，左尾分布 $P=0.025$ 对应 t 值为−2.306。

（2）R 语言法

在 R 语言中输入：

```
qt(0.025,8,lower.tail = TRUE,log.p = FALSE)
```

最终结果：自由度为 8，左尾分布 $P=0.025$ 对应 t 值为−2.306 004≈−2.306。

(三)F 分布

已知 df_1、df_2、F 值,求 P 值

例 1 已知 $df_1 = 20$,$df_2 = 20$,$F = 2.124\,155$,求 P 值。

直接计算法

(1)Excel 法

Excel 中可用 FDIST(F,df_1,df_2)函数求 P 值,在空白单元格中输入=FDIST(2.124 155,20,20),按回车键可得结果为 0.050 000 022≈0.05。

最终结果:当 $df_1 = 20$,$df_2 = 20$,$F = 2.124\,155$ 时 P 值为 0.05。

(2)R 语言法

在 R 语言中可用 pf()函数确定已知 df_1、df_2、F 值时对应的 P 值。

具体用法为:

```
pf(q,df1,df2,ncp,lower.tail,log.p)
    # q:需要输入的 F 值
    # df1:自由度 1
    # df2:自由度 2
```

在 R 语言中输入:

```
pf(2.124 155,20,20,lower.tail = FALSE,log.p = FALSE)
```

最终结果为:当 $df_1 = 20$,$df_2 = 20$,$F = 2.124\,155$ 时 P 值为 0.050 000 02≈0.05。

例 2 已知 $df_1 = 5$,$df_2 = 9$,$F = 2.566\,545$,求 P 值。

直接计算法

(1)Excel 法

Excel 中可用 FDIST(F,df_1,df_2)函数求 P 值,在空白单元格中输入=FDIST(2.566 545,5,9),按回车键可得结果为 0.103 839 398≈0.10。

最终结果:当 $df_1 = 5$,$df_2 = 9$,$F = 2.566\,545$ 时 P 值为 0.10。

(2)R 语言法

在 R 语言中输入:

```
pf(2.566 545,5,9,lower.tail = FALSE,log.p = FALSE)
```

最终结果为:当 $df_1 = 5$,$df_2 = 9$,$F = 2.566\,545$ 时 P 值为 0.103 839 4≈0.10。

已知 df_1、df_2、P 值,求 F 值

例 3 已知 $df_1 = 2$,$df_2 = 18$,$P = 0.05$,求 F 值。

1. 查表法

根据 P 值选择合适的 F 界值表。

如表 3-9 所示,根据 df_1、df_2 值定位 F 值。

最终结果:当 $df_1 = 2$,$df_2 = 18$,$P = 0.05$ 时 F 值为 3.55。

表 3-9　F 界值表

	p	自由度 (df_1)										
		1	2	3	4	5	6	7	8	12	24	1 000
10	0.100	3.29	2.92	2.73	2.61	2.52	2.46	2.41	2.38	2.28	2.18	2.06
	0.050	4.96	4.13	3.71	3.48	3.33	3.22	3.14	3.07	2.91	2.74	2.54
	0.025	6.94	5.45	4.83	4.47	4.24	4.07	3.95	3.85	3.62	3.37	3.09
	0.010	10.04	7.53	6.55	5.99	5.64	5.39	5.20	5.06	4.71	4.33	3.92
	0.001	21.04	14.90	12.55	11.28	10.48	9.93	9.52	9.20	8.45	7.64	6.78
12	0.100	3.18	2.81	2.61	2.48	2.39	2.33	2.28	2.24	2.15	2.04	1.91
	0.050	4.75	3.89	3.49	3.26	3.11	3.00	2.91	2.85	2.69	2.51	2.30
	0.025	6.55	5.19	4.47	4.12	3.89	3.73	3.61	3.51	3.28	3.02	2.73
	0.010	9.33	6.93	5.95	5.41	5.06	4.82	4.64	4.50	4.16	3.78	3.37
	0.001	18.64	12.97	10.80	9.63	8.89	8.38	8.00	7.71	7.00	6.25	5.44
14	0.100	3.10	2.73	3.52	2.39	2.31	2.24	2.19	2.15	2.05	1.94	1.80
	0.050	4.60	3.74	3.34	3.11	2.96	2.85	2.76	2.70	2.53	2.35	2.14
	0.025	6.30	4.86	4.24	3.89	3.66	3.50	3.38	3.29	3.05	2.79	2.50
	0.010	8.86	6.53	5.56	5.04	4.69	4.46	4.28	4.14	3.80	3.43	3.02
	0.001	17.14	11.73	9.73	8.62	7.92	7.44	7.08	6.80	6.13	5.41	4.62
16	0.100	3.05	2.67	2.46	2.33	2.24	2.18	2.13	2.09	1.99	1.87	1.72
	0.050	4.49	3.63	3.24	3.01	2.85	2.74	2.66	2.59	2.42	2.24	2.02
	0.025	6.12	4.69	4.08	3.73	3.50	3.34	3.22	3.12	2.89	2.63	2.32
	0.010	8.53	6.23	5.29	4.77	4.44	4.20	4.03	3.89	3.55	3.18	2.76
	0.001	16.12	10.97	9.01	7.94	7.27	6.80	6.46	6.20	5.55	4.85	4.08
18	0.100	3.01	2.62	2.42	2.29	2.20	2.13	2.08	2.04	1.93	1.81	1.66
	0.050	4.44	3.55	3.16	2.93	2.77	2.66	2.58	2.51	2.34	2.15	1.92
	0.025	5.98	4.56	3.95	3.61	3.38	3.22	3.10	3.01	2.77	2.50	2.20
	0.010	8.29	8.01	5.09	4.58	4.25	4.01	3.84	3.71	3.37	3.00	2.58
	0.001	15.38	10.39	8.49	7.46	6.81	6.35	6.02	5.76	5.13	4.45	3.69

2. 直接计算法

(1)Excel 法

在空白单元格中输入＝FINV(0.05,2,18),按回车键可得结果为 3.554 557 146≈3.554 6

最终结果:当 $df_1=2$,$df_2=18$,$P=0.05$ 时 F 值为 3.554 6。

(2)R 语言法

在 R 语言中可用 qf() 函数确定已知 df_1、df_2、P 值时对应的 F 值,具体用法如下:

```
qf(p,df1,df2,ncp,lower.tail,log.p)
    # p:需要输入的 P 值
    # df1:自由度 1
    # df2:自由度 2
```

在 R 语言中输入：

```
qf(0.05,2,18,lower.tail = FALSE,log.p = FALSE)
```

最终结果为：当 $df_1 = 2$，$df_2 = 18$，$P = 0.05$ 时 F 值为 $3.554557 \approx 3.5546$。

例 4　已知 $df_1 = 4$，$df_2 = 10$，$P = 0.025$，求 F 值。

1. 查表法

（1）选择合适的 F 界值表

根据 P 值选择合适的 F 界值表，本案例中应选择 $P = 0.025$ 对应的 F 界值表（表 3-10）

表 3-10　F 界值表

	p	自由度 (df_1)										
		1	2	3	4	5	6	7	8	12	24	1 000
10	0.100	3.29	2.92	2.73	2.61	2.25	2.46	2.41	2.38	2.28	2.18	2.06
	0.050	4.96	4.10	3.71	3.48	3.33	3.22	3.14	3.07	2.91	2.74	2.54
	0.025	6.94	5.40	4.83	4.47	4.24	4.07	3.95	3.85	3.62	3.37	3.09
	0.010	10.04	7.56	6.55	5.99	5.64	5.39	5.20	5.06	4.71	4.33	3.92
	0.001	21.04	14.90	12.55	11.28	10.48	9.93	9.52	9.20	8.45	7.64	6.78
12	0.100	3.18	2.81	2.61	2.48	2.39	2.33	2.28	2.24	2.15	2.04	1.91
	0.050	4.75	3.89	3.49	3.26	3.11	3.00	2.91	2.85	2.69	2.51	2.30
	0.025	6.55	5.10	4.47	4.12	3.89	3.73	3.61	3.51	3.28	3.02	2.73
	0.010	9.33	6.93	5.95	5.41	5.06	4.82	4.64	4.50	4.16	3.78	3.37
	0.001	18.64	12.97	10.80	9.63	8.38	8.38	8.00	7.71	7.00	6.25	5.44

（2）根据 df_1、df_2 值定位 F 值

最终结果：当 $df_1 = 4$，$df_2 = 10$，$P = 0.025$ 时 F 值为 4.47。

2. 直接计算法

（1）Excel 法

在空白单元格中输入：$= FINV(0.025,4,10)$，按回车键可得结果为 $4.468341578 \approx 4.4683$。

最终结果：当 $df_1 = 4$，$df_2 = 10$，$P = 0.025$ 时，F 值为 4.4683。

（2）R 语言法

在 R 语言中输入：

```
qf(0.025,4,10,lower.tail = FALSE,log.p = FALSE)
```

最终结果：当 $df_1 = 4$，$df_2 = 10$，$P = 0.025$ 时 F 值为 $4.468342 \approx 4.4683$。

（四）概率计算应用

例 1　由 160 名 7 岁男孩身高测量的数据算得 $\bar{x} = 122.6\,cm$，$S = 4.8\,cm$，已知身高数据服从正态分布。试估计该地当年 7 岁男孩身高为 119～125 cm 所占的比例。

本例虽已知身高数据服从正态分布，但 μ 和 σ 未知。因为 160 名男孩身高数据可以作为

一个大样本,所以可用样本均数和样本标准差作为 μ 和 σ 的估计。作标准化变换:$Z_1 = \dfrac{119-122.6}{4.8} = -0.75, Z_2 = \dfrac{125-122.6}{4.8} = 0.5$。

使用 Excel 计算 Z 值对应的 P 值,利用 NORMSDIST( )函数,在空白单元格处输入 = NORMSDIST(-0.75)得到 $P(-0.75) = 0.2266$,同理得到 $P(0.5) = 0.6915$,两者相减 $P_{0.5} - P_{-0.75} = 0.6915 - 0.2266 = 0.4649$。

即该地当年 7 岁男孩身高为 $119 \sim 125$ cm 的所占比例为 46.49%。

相应的已知 Z 值求 P 值也可通过查表法或 R 语言法进行计算。

例 2　某奶粉工厂 11 月随机抽样调查 100 瓶奶粉净含量,其均数为 900.56 g,标准差为 2.26 g。试估计该工厂 11 月生产的奶粉中有百分之多少净含量超过 905 g?

同上个案例一样,因为 100 瓶是一个大样本,所以可用样本均数和样本标准差作为 μ 和 σ 的估计。作标准化变换:$Z = \dfrac{905-900.56}{2.26} = 1.96$。

使用 R 语言法计算 Z 值对应的 P 值时,可在 R 语言中输入:

```
pnorm(1.96,mean = 0,sd = 1,lower. tail = FALSE,log. p = FALSE)
```

最终结果:0.024 997 9。

即该工厂 11 月生产的奶粉中有 2.50% 净含量超过 905 g。

也可以不做标准化变换,直接将平均值、标准差等数据带入 pnorm( )函数进行计算。

```
pnorm(905,mean = 900. 56,sd = 2. 26,lower. tail = FALSE,log. p = FALSE)
```

最终结果:0.024 730 17。

相应的已知 Z 值求 P 值亦可通过查表法或 Excel 法进行计算。

第四章

计量资料的统计推断

科学研究中,研究对象的总体数量往往是巨大的或无限大的,不能也没有必要对总体中的每一个观察单元进行研究。因此,在实际操作中通常会对样本开展研究,然后运用统计学原理用样本去推断总体。在统计学上,用样本信息推断总体特征被称为统计推断。本章节主要关注计量资料的统计推断,包括参数估计和假设检验。而参数估计和假设检验的方法很多,本章主要针对均数的参数估计和均数的 Z 检验、t 检验等进行讲解。

一、知识点

(一)参数估计

参数估计包括点估计和区间估计。点估计是直接将样本均数作为总体均数的估计值,而不考虑抽样误差的影响。区间估计是利用样本均数,按一定的可信程度(置信度)估计得到的总体均数所在的范围,即为根据样本均值计算出有 $(1-\alpha)$ 把握的包含总体均数的一个数值范围,该数值范围称为总体均值的置信区间(confidence interval,CI),$1-\alpha$ 称为置信度(confidence level)。α 一般取 0.05 或 0.01,置信度为 95% 或 99%,即计算总体均数的 95% 或 99% 置信区间。其中,双侧区间估计的范围为 $\overline{X} \pm z_{1-\frac{\alpha}{2}} * \sigma_{\overline{x}}$(总体 σ 已知)或者 $\overline{X} \pm z_{1-\frac{\alpha}{2}} * S_{\overline{x}}$ $\left(\text{总体 } \sigma \text{ 未知,用样本标准差 } S \text{ 代替},S_{\overline{x}}=\dfrac{S}{\sqrt{n}}\right)$;单侧区间估计的范围为 $\min \sim \overline{X} + z_{1-\alpha} * \sigma_{\overline{x}}$;或者 $\overline{X} - z_{1-\alpha} * \sigma_{\overline{x}} \sim \max \left(\text{总体 } \sigma \text{ 未知,用样本标准差 } S \text{ 代替},S_{\overline{x}}=\dfrac{S}{\sqrt{n}}\right)$。

(二)假设检验与 P 值

假设检验(hypothesis testing),又称显著性检验,是指通过样本间存在的差异对样本所在总体间是否存在差别做出判断。P 值即概率值,反映某一事件发生的可能性大小。统计学根据显著性检验方法所得到的 P 值,当小于显著性水平 α(也称检验水准)时,认为样本间的差异具有显著性和统计学意义,否则其差异不具有统计学意义。一般以 $P<0.05$ 为统计学上有显著性差异,$P<0.01$ 为统计学上有极显著差异,其含义是样本所在总体的差异由抽样误差所致的概率小于 0.05 或 0.01。

(三)数据类型

依据所用计量尺度的不同,统计数据可分为计量资料、计数资料、等级资料。

计量资料,又称定量资料或数值变量,是使用自然单位或度量衡单位、价值单位对现象进行计量的结果,结果表现为具体的数值。计量资料的特点是有单位,绝大多数是连续性资料。

计数资料,又称定性资料或分类变量,是指先将观察对象按其性质或类别分组,然后清点各组观察单位个数所得的资料,如按性别分为男和女两类后的人数。计数资料的特点是无单位,属于离散型(间断性)资料。

等级资料,又称半定量资料,是将全体观察单元按照某种性质的不同程度分成若干组,再分别清点各组观察单位的个数所得的资料,如考试成绩分为不及格、及格、良好以及优秀后各类成绩的人数。

(四)正态检验

利用观测数据判断总体是否服从正态分布的检验称为正态检验。如果样本量大于50,则应该使用 Kolmogorov-Smirnov 检验,反之则使用 Shapiro-Wilk 检验。从偏态总体中随机抽样,当 $n \geqslant 30$,样本均数 $\overline{X}$ 近似服从正态分布 $N(\mu, \sigma^2/n)$。如果数据不符合正态分布,可以尝试进行对数变换、平方根变换、倒数变换或平方根反正旋变换等。如果变换后的数据仍不符合正态分布,则需采用非参数检验。

(五)方差齐性检验

方差齐性检验(homogeneity of variance test)是数理统计学中检查不同样本的总体方差是否相同的一种方法。经检验如果认为两组样本方差所代表的总体方差相同,统计学上则称为方差齐,进一步则适用于 t 检验或方差分析,这是方差分析等的非常重要的条件。如果方差不齐,则适用于 t' 检验或非参数检验。常用方差齐性检验的方法有 F 检验、Bartlett 检验和Hartley 检验。方差齐性检验一般 α 选 0.10,目的是减少认为方差齐时可能犯错误的概率,提高使用的正确性。

(六)两类错误

Ⅰ型错误:拒绝了实际上成立的 H_0。Ⅰ型错误的最大允许概率为 α——显著性水平,是人为确定的,一般为 0.05 或者 0.01。这与实验研究中的灵敏度(真阳性率)相对应。

Ⅱ型错误:不拒绝实际上不成立的 H_0。Ⅱ型错误的概率为 β,一般很难确定。这与实验研究中的特异度(真阴性率)相对应。

当样本例数固定时,α 越小,β 越大;反之,α 越大,β 越小,因而可通过选定 α 控制 β 大小。如果要同时减小 α 和 β,唯有增加样本例数。

二、操作要点

(一)单侧检验与双侧检验

如果将拒绝性概率平分于理论抽样分布的两侧,称为双侧分布。例如选定显著性水平 $\alpha = 0.05$,双侧检验就是将 α 概率所规定的拒绝区域平分为两部分,并置于概率分布的两边,每边各占有 0.025,只强调差异是否显著而不强调方向性。

如果将拒绝性概率置于理论抽样分布的一侧(左侧或右侧),称为单侧检验(左侧检验或右侧检验)。单侧检验强调差异的方向性。例如 A、B 两种植物化学物降糖效果比较,A 疗效和 B 疗效不知道哪个好,那就用双侧检验,但是如果能从专业知识上确定 A 疗效不比 B 疗效差,只考虑 A 疗效是否好于 B 疗效,这种就是单侧检验(图 4-1)。

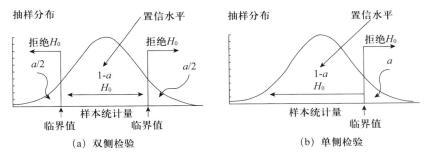

图 4-1 双侧检验与单侧检验

单侧检验和双侧检验的假设方法如下。

$H_0: \mu_1 = \mu_2; H_1: \mu_1 \neq \mu_2$　　　　双侧

$H_0: \mu_1 \geqslant \mu_2; H_1: \mu_1 < \mu_2$　　　　单侧(左侧)

$H_0: \mu_1 \leqslant \mu_2; H_1: \mu_1 > \mu_2$　　　　单侧(右侧)

单侧检验和双侧检验的操作方法如下。

1. Excel 法

以双样本等方差的成组资料为例。

(1)单击数据菜单→选择数据分析工具→"t-检验:双样本等方差假设"→单击"确定"按钮。

(2)变量 1 的区域:选择数据 1。

(3)变量 2 的区域:选择数据 2。

(4)假设平均差:0。

(5)选择标志(L):如果选择的数据区域有表头需要勾选,否则不勾选。

(6)选择 $\alpha = 0.05$。

(7)输出区域,选择一个空白的单元格。

(8)单击"确定"按钮,显示结果中既有单侧检验又有双侧检验的结果。

2. R 语言法

以双样本等方差的成组资料为例。

```
t. test(x,y,alternative = "two. sided",paired = FALSE,var. equal = TRUE)
```

依据假设检验的要求,设定具体的参数 alternative。

双侧检验,alternative = "two. sided";

左侧检验,alternative = "less";

右侧检验,alternative = "greater"。

例如比较 a 和 b 两组数据组间差异,在 R 语言中输入:

```
t. test(a,b,alternative = "two. sided",var. equal = TRUE)
```

如果比较 a 的均值是否大于 b,在 R 语言中输入:

```
t. test(a,b,alternative = "greater",var. equal = TRUE)
```

如果比较 a 的均值是否小于 b,在 R 语言中输入:

```
t. test(a,b,alternative = "less",var. equal = TRUE)
```

(二)成组与配对

成组资料来源于成组设计,即完全随机设计,将受试对象随机分配成 2 个可比的处理组,每一组随机接受一种处理。而配对资料来源于配对设计,将起始条件一致的 2 个试验组依据一定的条件进行配对,每对个体分别随机进行不同的处理,或者同一批个体或样本先后接受两种不同的处理方式(前后仍然可比),或用两种不同的方法检测相同的样本,则所得的结果即为配对资料。

成组设计两组的试验单位相互独立,所得的 2 个样本相互独立,其样本量不一定相等。配对设计 2 个样本量相等,不同对象按相同条件配成对子。成组设计检验效能相对较低,而配对设计能够很好地控制非实验因素,检验效能较高。成组资料更为常用,但不同组之间的可比性较配对资料稍差。

1. Excel 法

以 t 检验为例。如果是配对 t 检验需选择"t-检验:平均值的成对二样本分析",成组资料选择"t-检验:双样本等方差假设"或"t-检验:双样本异方差假设"。

(1)单击数据菜单→选择数据分析工具→选择适宜的"t-检验"→确定。

(2)变量 1 的区域:选择数据 1。

(3)变量 2 的区域:选择数据 2。

(4)假设平均差:0。

(5)选择标志(L):如果选择的数据区域有表头需要勾选,否则不勾选。

(6)选择 $\alpha = 0.05$。

(7)输出区域,选择一个空白的单元格。

(8)单击"确定"按钮。

2. R 语言法

以 t 检验为例。

```
t. test(x,y,alternative = "two. sided","less",paired = FALSE,var. equal = TRUE)
```

依据资料的设计类型,设定具体的 R 语言参数 paired 和 var. equal。如果是成组资料的组间比较,且方差齐时,paired = FALSE,var. equal = TRUE。如果是配对资料的组间比较,paired = TRUE。

例如比较 a 和 b 两组数据组间(成组资料)差异,在 R 语言中输入:

```
t. test(a,b,alternative = "two. sided",paired = FALSE,var. equal = TRUE)
```

比较 a 和 b 两组数据组间(配对资料)差异,在 R 语言中输入:

```
t. test(a,b,alternative = "two. sided",paired = TRUE)
```

（三）Z 检验与 t 检验

Z 检验用于大样本(即样本量 $n \geqslant 30$)所在的总体均值组间差异性检验,而 t 检验主要用于样本量较小($n < 30$)的总体均值组间差异性检验。

1. Z 检验

Z 检验通过计算 Z 值,由 Z 值求 P 值,然后通过比较 P 值和 α 值得出结论。如果 $P < \alpha$,则拒绝无效假设,说明两组比较的样本均值差异存在显著性;如果 $P > \alpha$,则接受无效假设,说明两组比较的样本均值差异不存在显著性。

Z 检验通过正态分布的概率密度求积分得到概率 P 值,如果求双尾概率,左右两侧双尾概率是均等的。Excel 法需先求右尾概率,即 1 减去所得概率,然后乘以 2。R 语言可以直接求得右侧的概率,然后乘以 2。

```
Excel 法:P = 2 * (1 − NORMSDIST(Z 值))            ♯（双侧）
R 语言法:P = 2 * pnorm(Z 值,lower.tail = FALSE,log.p = FALSE)   ♯（双侧）
```

Z 检验不同情况及 Z 值求法如下。

(1)单样本资料　当样本量 $n \geqslant 30$ 时,比较样本所在总体的均值与某个已知总体的均值是否有显著性的差异,$Z = \dfrac{|\bar{x} - \mu_0|}{\dfrac{\sigma}{\sqrt{n}}}$($\sigma$ 已知)或 $Z = \dfrac{|\bar{x} - \mu_0|}{\dfrac{S}{\sqrt{n}}}$($\sigma$ 未知,用样本标准差 S 代替)。

$\bar{X}$ 为样本的均值;样本均值对应的总体均值为 μ,μ_0 是已知的总体均值;σ 为样本所在的总体标准差;S 为样本的标准差。

无效假设 $H_0 : \mu = \mu_0$,因此公式中用 μ_0 代替 μ,计算样本均值 $\bar{X}$ 正态性变换后对应的 Z 值,继而计算 Z 值对应的 P 值。

(2)双样本资料　当样本量 $n \geqslant 30$,比较两个样本所在总体的均值差异是否具有显著性。此时,$\bar{X}_1 - \bar{X}_2$ 服从 $N(\mu_1 - \mu_2, \dfrac{\sigma_1^2}{n_1} + \dfrac{\sigma_2^2}{n_2})$ 的正态分布。

$$Z = \frac{|(\bar{X}_1 - \bar{X}_2) - (\mu_1 - \mu_2)|}{\sqrt{\dfrac{\sigma_1^2}{n_1} + \dfrac{\sigma_2^2}{n_2}}}$$

$\bar{X}_1$ 和 $\bar{X}_2$ 为两个样本的均值;σ_1 和 σ_2 为两个总体的标准差。

无效假设 $H_0 : \mu_1 = \mu_2$,因此 $\mu_1 - \mu_2 = 0$,$Z = \dfrac{|\bar{X}_1 - \bar{X}_2|}{\sqrt{\dfrac{\sigma_1^2}{n_1} + \dfrac{\sigma_2^2}{n_2}}}$。如果两个总体的标准差未知,则以样本标准差 S_1 和 S_2 来分别代替 σ_1 和 σ_2,即 $Z = \dfrac{|\bar{X}_1 - \bar{X}_2|}{\sqrt{\dfrac{S_1^2}{n_1} + \dfrac{S_2^2}{n_2}}}$。然后通过 Z 值求 P 值。

2. t 检验

t 检验方法是先计算 t 值,由 t 值求 P 值,然后通过比较 P 值和 α 值得出结论。

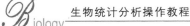

t 检验是通过 t 分布概率密度求积分得到 P 值,如果求双尾概率,左右两侧双尾概率是均等的,直接求双侧的概率之和。

Excel 法:$P = TDIST(t\ 值,v,2)$ ♯ 1 表示单侧,2 表示双侧,v 为自由度 $= n-1$

R 语言法:$P = 2 * pt(t\ 值,v,lower.tail = FALSE,log.p = FALSE)$

---

t 检验的不同情况及 t 值求法如下。

(1)单样本资料 样本量 $n < 30$,比较样本所在总体的均值是否与某个已知总体的均值差异有显著性,$t = \dfrac{|\overline{X} - \mu|}{\dfrac{S}{\sqrt{n}}}$。

$\overline{X}$ 为样本均值;S 为样本的标准差;n 为样本量;自由度 $v = n - 1$。

无效假设 $H_0 : \mu = \mu_0$,因此公式中用 μ_0 代替 μ,即 $t = \dfrac{|\overline{X} - \mu_0|}{\dfrac{S}{\sqrt{n}}}$。

(2)双样本资料 样本量均小于 30,比较两个样本所在总体的均值差异是否具有显著性,检验公式如下。

①等方差独立样本 t 检验(成组设计),联合方差:$S_c^2 = \dfrac{\sigma_1^2(n_1 - 1) + \sigma_2^2(n_2 - 1)}{n_1 + n_2 - 2}$,联合标准差:$S_{\overline{X}_1 - \overline{X}_2} = \sqrt{S_c(\dfrac{1}{n_1} + \dfrac{1}{n_2})}$。

$$t = \frac{|\overline{X}_1 - \overline{X}_2|}{S_{\overline{X}_1 - \overline{X}_2}}$$

$\overline{X}_1$ 和 $\overline{X}_2$ 为两个样本的均值;n_1 和 n_2 为两个样本的样本量;自由度 $v = n_1 + n_2 - 2$;σ_1 和 σ_2 为两个总体的标准差。如果总体标准差 σ_1 和 σ_2 未知,则分别用样本标准差 S_1 和 S_2 代替。

②异方差独立样本 t 检验(成组设计),先计算 t' 和 t'_a,然后比较 $|t'|$ 和 t'_a 的大小。如果 $|t'| < t'_a$,则 $P > \alpha$,如果 $|t'| > t'_a$,则 $P < \alpha$。

其中,$t' = \dfrac{\overline{x}_1 - \overline{x}_2}{\sigma'_{\overline{x}_1 - \overline{x}_2}} = \dfrac{\overline{x}_1 - \overline{x}_2}{\sqrt{\dfrac{\sigma_1^2}{n_1} + \dfrac{\sigma_2^2}{n_2}}}$,$t'_a = \dfrac{\sigma_{\overline{X}_1}^2 t_{a(v_1)} + \sigma_{\overline{X}_2}^2 t_{a(v_2)}}{\sigma_{\overline{X}_1}^2 + \sigma_{\overline{X}_2}^2}$,

$\overline{X}_1$ 和 $\overline{X}_2$ 为两个样本的均值;$\sigma_{\overline{X}_1}^2 = \dfrac{\sigma_1^2}{n_1}$;$\sigma_{\overline{X}_2}^2 = \dfrac{\sigma_2^2}{n_2}$;$n_1$ 和 n_2 为两个样本的样本量;自由度 $v = n_1 + n_2 - 2$;σ_1 和 σ_2 为两个总体的标准差。如果两个总体的标准差未知,则以样本标准差 S_1 和 S_2 来分别代替 σ_1 和 σ_2。

③配对样本的 t 检验(配对设计),$t = \dfrac{|\overline{d} - 0|}{S_{\overline{d}}}$。

$\overline{d}$ 为配对样本差值的均数,$S_{\overline{d}}$ 为配对样本差值的标准误差,n 为对子数,$v = n - 1$。

注意:这部分介绍了 Z 检验和 t 检验的基本分析步骤,包括统计量计算、P 值计算、与 α 比较并得出结论。其实在 Excel 和 R 语言中有现成的分析工具来完成整个分析过程,具体的操作办法请参考操作要点部分内容以及下一部分的操作案例。

三、操作案例

(一)区间估计

例 1 某市 1995 年随机抽样调查研究 110 名 7 岁男童的身高,其平均数为 119.95 cm,标准差为 4.72 cm。试求该市 1995 年 7 岁男童身高的 95% 可信区间。

样本量 $n=110>30$,属于大样本资料,可用 Z 分布法。身高偏大、偏小均不正常,需求双尾 $\alpha=0.05$ 的 Z 值。

Excel 法:$Z=NORMSINV(1-0.05/2)=1.96$。

R 语言法:$Z=qnorm(0.05/2, lower.\ tail=FALSE, log.\ p=FALSE)=1.96$。

求可信区间:$\overline{X} \pm Z_{1-\alpha/2} * S_{\overline{X}} = \overline{X} \pm Z_{1-\alpha/2} * \dfrac{S}{\sqrt{n}} = 119.95 \pm 1.96 * \dfrac{4.72}{\sqrt{110}} = 119.95 \pm 0.88 = (119.07, 120.83)$ cm。

该市 1995 年 7 岁男童身高的 95% 可信区间是 119.07~120.83 cm。

例 2 某年某医生在一山区随机抽查了 25 名健康成年男子,测得其脉搏均数为 74.2 次/分,标准差为 6.0 次/分。请帮助该医生估计该年该地成年男子脉搏的 99% 可信区间。

样本量 $n=25<30$,属于小样本资料,故只能用 t 分布法。$\overline{X}=74.2$ 次/分,$S=6.0$ 次/分,自由度 $v=n-1=24$。脉搏过大、过小均不正常,需求双尾 $\alpha=0.01$,自由度 $v=24$ 的 t 值。

Excel 法:$t=TINV(0.01,24)=2.7969395$。

R 语言法:$t=qt(0.01/2, 24, lower.\ tail=FALSE, log.\ p=FALSE)=2.79694$。

求可信区间:$\overline{X} \pm t_{1-\alpha/2, v} * S_{\overline{X}} = \overline{X} \pm t_{1-\alpha/2, v} * \dfrac{S}{\sqrt{n}} = 74.2 \pm 2.7969395 * \dfrac{6}{\sqrt{25}} = 74.2 \pm 3.6 = (70.8, 77.6)$ 次/分

该年该地成年男子脉搏的 99% 可信区间是 70.8~77.6 次/分。

例 3 随机测得 100 听某批某种罐头净质量平均数为 344.0 g,标准差为 44.3 g。试估计该批该种罐头的净质量及其正常值范围。

样本量 $n=100>30$,为大样本资料,故按照 Z 分布来处理。

$\overline{X}=344$ g,$S=4.43$ g,故标准差 $S_X = \dfrac{S}{\sqrt{n}} = \dfrac{4.43}{\sqrt{100}} = 0.443$ g,$Z_{1-0.05/2}=1.96$ g。

以样本均值来估计总体均值,则 $\overline{X}=\mu$,由此可知这批罐头的平均净质量为 344.0 g。

平均净质量的正常值范围即为总体均值的可信区间(既可以大于均值,也可以小于均值),为 $\overline{X} \pm 1.96 * S_{\overline{X}} = 344.0 \pm 1.96 * 0.443 = (343.13, 344.87)$ g。

该种罐头的平均净质量为 344.0 g,平均净质量的正常值范围为 343.13~344.87 g。

(二)Z 检验

例 1 已知健康成年男子的红细胞数为 483.5 万个/mm^3。现调查了某地健康成年男子 361 人,测得红细胞平均数为 466.02 万个/mm^3,标准差为 57.46 万个/mm^3。问该地健康成

年男子的红细胞数与标准值有无差别?

本例 $n=361>30$,属于大样本资料,是样本所在的总体均值和已知均值是否有差异,应该进行双侧 Z 检验。确定检验水准/显著性水平(α)为 0.05。

H_0:该地健康成年男子的红细胞数与标准值无差异,即 $\mu=\mu_0$。

H_1:该地健康成年男子的红细胞数与标准值无差异,即 $\mu\neq\mu_0$。

$\alpha=0.05$。

$$Z=\frac{|\overline{X}_i-\mu_0|}{\dfrac{S}{\sqrt{n}}}=\frac{|466.02-483.5|}{\dfrac{57.46}{\sqrt{361}}}=5.78。$$

计算双侧 P 值。

Excel 法:$P=2*(1-\text{NORMSDIST}(5.78))=7.470\,06e-09$

R 语言法:$P=2*\text{pnorm}(5.78,\text{lower.tail}=\text{FALSE},\log.\text{p}=\text{FALSE})=7.470\,06e-09$。

$P<\alpha$,该地健康成年男子的红细胞数与标准值有差异。

例 2 某地抽查了 25～29 岁正常人群的红细胞数,其中男性 156 人,均数 465.13 万个/mm³,标准差 54.80 万个/mm³;女性 74 人,均数 422.16 万个/mm³,标准差 44.20 万个/mm³。问该人群中男性的红细胞数是否比女性的多?

本例为两个大样本正态资料 $n_1=156>30$,$n_2=74>30$,若想知道男性的红细胞数是否比女性的多,故应作单侧 Z 检验,$\alpha=0.05$。

H_0:该人群中男性的细胞数不比女性的多,即 $\mu_{男}\leqslant\mu_{女}$。

H_1:该人群中男性的细胞数比女性的多,即 $\mu_{男}>\mu_{女}$。

$\alpha=0.05$。

$$Z=\frac{|(\overline{X}_{男}-\overline{X}_{女})-(\mu_{男}-\mu_{女})|}{\sqrt{\dfrac{S_{男}^2}{n_{男}}+\dfrac{S_{女}^2}{n_{女}}}}=\frac{|(\overline{X}_{男}-\overline{X}_{女})-0|}{\sqrt{\dfrac{S_{男}^2}{n_{男}}+\dfrac{S_{女}^2}{n_{女}}}}=\frac{|465.13-422.16|}{\sqrt{\dfrac{54.80^2}{156}+\dfrac{44.20^2}{74}}}=6.360。$$

计算单侧 P 值。

Excel 法:$P=1-\text{NORMSDIST}(6.360)=1.008\,77e-10$

R 语言法:$P=\text{pnorm}(6.360,\text{lower.tail}=\text{FALSE},\log.\text{p}=\text{FALSE})=1.008\,769e-10$

$P<\alpha$,男性红细胞数比女性多。

(三)单样本 t 检验

例 1 某罐头厂生产肉类罐头,其自动装罐机在正常工作状态时,每罐净重符合正态分布 $N(500,64)$(单位为 g)。某日随机抽查了 10 听罐头,得单罐净重为 505 g、512 g、497 g、493 g、508 g、502 g、495 g、490 g、510 g。问装罐机该日工作是否正常?

本研究中样本仅有 10 个观察单元($n<30$),要比较样本所代表的总体均数是否与已知的总体均数相等,作双侧 t 检验。

H_0:装罐机该日单罐平均净重与正常工作状态下相等,即 $\mu=\mu_0$。

H_1:装罐机该日单罐平均净重与正常工作状态不相等,即 $\mu\neq\mu_0$。

$\alpha=0.05$,$\overline{X}=502.70$,$S_{\bar{x}}=\dfrac{S}{\sqrt{n}}=2.53$。

$$t=\frac{|\overline{X}-\mu_0|}{S_{\overline{x}}}=\frac{|502.70-500|}{2.53}=1.07, v=n-1=10-1=9。$$

计算双侧 P 值。

Excel 法：$P=\text{TDIST}(1.07,9,2)=0.312\,474\,739$。

R 语言法：$P=2*\text{pt}(1.07,9,\text{lower. tail}=\text{FALSE},\log.\text{p}=\text{FALSE})=0.312\,474\,7$。

$P>\alpha$，推断该日装罐平均净重与标准重差异不显著，表明该日装罐机工作属正常状态。

例 2 用山楂加工果冻，传统工艺平均每 $100\,\text{g}$ 山楂可生产果冻 $500\,\text{g}$。现采用一种新工艺进行加工，测定了 16 次，得到每 $100\,\text{g}$ 山楂生产的果冻平均数 $\overline{X}=520\,\text{g}$，标准差 $S=12\,\text{g}$。问新工艺每 $100\,\text{g}$ 山楂生产的果冻量与传统工艺有无差异？

本研究中样本仅有 16 个观察单元（$n<30$），要比较样本所代表的总体平均数是否与已知的总体平均数相等，作双侧 t 检验。

H_0：新工艺和传统工艺山楂生产的果冻量一样，即 $\mu=\mu_0$。

H_1：新工艺和传统工艺山楂生产的果冻量不一样，即 $\mu\neq\mu_0$。

$$\alpha=0.05, \overline{X}=520, s_{\overline{x}}=\frac{S}{\sqrt{n}}=3。$$

$$t=\frac{|\overline{X}-\mu_0|}{S_{\overline{x}}}=\frac{|520-500|}{3}=6.67, v=n-1=16-1=15。$$

计算双侧 P 值。

Excel 法：$P=\text{TDIST}(6.67,15,2)=7.480\,01\text{e}-06$。

R 语言法：$P=2*\text{pt}(6.67,15,\text{lower. tail}=\text{FALSE},\log.\text{p}=\text{FALSE})=7.480\,00\,8\text{e}-06$。

$P<\alpha$，推断新、旧工艺的每 $100\,\text{g}$ 山楂生产的果冻量差异极显著，即采用新工艺可提高每 $100\,\text{g}$ 山楂生产出的果冻量。

例 3 根据大量调查，已知健康成年男子的脉搏均数为 72 次/分。某医生在一山区随机调查了 25 名健康成年男子，得到其脉搏平均数为 74.2 次/分，标准差为 6.0 次/分。能否据此认为该山区成年男子的脉搏比一般成年男子的快？

本研究中样本仅有 25 个观察单元（$n<30$），要比较样本所代表的总体平均数是否比已知的总体均数大，可作单侧的 t 检验。

H_0：山区成年男子的脉搏不比一般成年男子的快，即 $\mu\leqslant\mu_0$。

H_1：山区成年男子的脉搏比一般成年男子的快，即 $\mu>\mu_0$。

$$\alpha=0.01, t=\frac{|\overline{X}-\mu_0|}{S_{\overline{x}}}=\frac{|74.2-72|}{6.0/\sqrt{25}}=1.833, v=n-1=25-1=24。$$

计算单侧 P 值。

Excel 法：$P=\text{TDIST}(1.833,24,1)=0.039\,618\,582$。

R 语言法：$P=\text{pt}(1.833,24,\text{lower. tail}=\text{FALSE},\log.\text{p}=\text{FALSE})=0.039\,618\,58$。

$P>\alpha$，不能认为该山区成年男子的脉搏比一般成年男子的脉搏快。

例 4 某名优绿茶含水量标准为不超过 5.5%。现有一批该种绿茶，从中随机抽出 8 个样品测定其含水量，得平均数为 5.6%，标准差为 0.3%。问该批绿茶的含水量是否超标？

该题为小样本均数与已知总体均数比较，应该采用 t 检验。

H_0：该批绿茶的含水量不超标，即 $\mu\leqslant\mu_0$。

H_1:该批绿茶的含水量超标,即 $\mu > \mu_0$。

$\alpha = 0.05$(单侧检验),此时 $\overline{X} = 5.6\%$,$\mu_0 = 5.5\%$,$v = n-1 = 7$,$S_{\overline{X}} = \dfrac{S}{\sqrt{n}} = \dfrac{0.3}{\sqrt{8}} = 0.106$,

$$t = \frac{|\overline{X} - \mu_0|}{S_{\overline{X}}} = \frac{|5.6 - 5.5|}{0.106} = 0.943 < 1.895 = t_{0.05(7)}(单侧)。$$

计算 P 值。

Excel 法:$P = \text{TDIST}(0.943, 7, 1) = 0.188\,539$。

R 语言法:$P = \text{pt}(0.943, 7, \text{lower.tail} = \text{FALSE}, \text{log.p} = \text{FALSE}) = 0.188\,539$。

$P > \alpha$,这 8 种样品绿茶含水量与标准值 5.5% 的差异没有统计学意义,尚不能认为该批绿茶的含水量超标。

(四)成组 t 检验

例 1 某食品厂在甲、乙两条生产线上各测了 30 d 日产量(表 4-1),试检验两条生产线的平均日产量有无差异。

表 4-1　甲、乙两条生产线日产量记录　　　　　　　　　　　　　　　　kg

甲生产线						乙生产线					
74	71	56	54	71	78	65	53	54	60	56	69
62	57	62	69	73	63	58	49	51	53	66	62
61	72	62	70	78	74	58	58	66	71	53	56
77	65	54	58	63	62	60	70	65	58	56	69
59	62	78	53	67	70	68	70	52	55	55	57

本研究虽然两组样本数相同,但显然并不是配对设计,只是分别记录了 30 d 的产量,属于成组设计,因此应考虑作为成组 t 检验。

计算甲乙两组的均值和方差。$\overline{X}_1 = \dfrac{\sum x_1}{n_1} = 65.83$,$\overline{X}_2 = \dfrac{\sum x_2}{n_2} = 59.77$,$S_1^2 = \dfrac{\sum x_1^2 - \dfrac{\left(\sum x_1\right)^2}{n_1}}{n_1 - 1} = 59.729\,9$,$S_2^2 = \dfrac{\sum x_2^2 - \dfrac{\left(\sum x_2\right)^2}{n_2}}{n_2 - 1} = 42.874\,7$,$n_1 = n_2 = 30$。因为两组的样本量均为 30,适用 t 检验。

这些统计量计算的操作方法如下。

Excel 法:计算均值用 AVERAGE(),计算标准方差用 VAR(),括号内为 Excel 表格中用鼠标选择数据的范围。

R 语言法:输入数据,用 data<−c(x1, x2, x3, …, xn),计算均值用 mean(data),计算方差用 var(data)。

方差齐性检验。

H_0:两组资料方差齐,即 $\sigma_1^2 = \sigma_2^2$。

H_1:两组资料方差不齐,即 $\sigma_1^2 \neq \sigma_2^2$。

$\alpha = 0.10$。

$$F = \frac{S_1^2}{S_2^2} = \frac{59.7299}{42.8747} = 1.39 < 1.85 = F_{0.10(29,29)}。$$

Excel 法：$P = \text{FDIST}(1.39, 29, 29) = 0.190\,213\,069$。

R 语言法：$P = \text{pf}(1.39, 29, 29, \text{lower. tail} = \text{FALSE}, \text{log. p} = \text{FALSE}) = 0.190\,213\,069$。

$P > \alpha$，这两组样本资料方差的差别没有统计学意义，可以认为这两组资料方差齐，可做 t 检验。

H_0：这两条生产线的日产量相同，即 $\mu_1 = \mu_2$。

H_1：这两条生产线的日产量不相同，即 $\mu_1 \neq \mu_2$。

$\alpha = 0.05$。

联合方差：$S_c^2 = \dfrac{S_1^2(n_1 - 1) + S_2^2(n_2 - 1)}{n_1 + n_2 - 2} = 51.3$。

联合标准差：$S_{\overline{X}_1 - \overline{X}_2} = \sqrt{S_c\left(\dfrac{1}{n_1} + \dfrac{1}{n_2}\right)} = 1.85$。

自由度：$v = n_1 + n_2 - 2 = 58$。

$$t = \frac{|\overline{X}_1 - \overline{X}_2|}{S_{\overline{X}_1 - \overline{X}_2}} = \frac{|65.83 - 59.77|}{1.85} = 3.277 > 2.002 = t_{0.05(58)}（双侧）$$

Excel 法：$P = \text{TDIST}(3.277, 58, 1) = 0.000\,887\,355$。

R 语言法：$P = \text{pt}(3.277, 58, \text{lower. tail} = \text{FALSE}, \text{log. p} = \text{FALSE}) = 0.000\,887\,354\,9$。

$P < \alpha$，这两条生产线 30 日产量的差别有统计学意义，可以认为这两条生产线的日产量不同。

例 2　在做各种大米的营养价值研究中，测定了籼稻米的粗蛋白含量 10 次，得平均数 $\overline{X}_1 = 7.32\,\text{mg}/100\,\text{g}$，方差 $S_1^2 = 1.06\,(\text{mg}/100\,\text{g})^2$；另测定了籼稻米的粗蛋白含量 5 次，得平均数 $\overline{X}_2 = 7.62\,\text{mg}/100\,\text{g}$，方差 $S_2^2 = 0.11\,(\text{mg}/100\,\text{g})^2$。试检验两种大米的粗蛋白含量有无差异。

本研究是成组资料。$\overline{X}_1 = 7.32$，$\overline{X}_2 = 7.62$，$S_1^2 = 1.06$，$S_2^2 = 0.11$，$n_1 = 10$，$n_2 = 5$，为小样本资料，比较两组之间均值，做双侧的 t 检验。

方差齐性检验。

H_0：两组资料方差齐，即 $\sigma_1^2 = \sigma_2^2$。

H_1：两组资料方差不齐，即 $\sigma_1^2 \neq \sigma_2^2$。

$\alpha = 0.10$。

$$F = \frac{S_1^2}{S_2^2} = \frac{1.06}{0.11} = 9.636$$

Excel 法：$P = \text{FDIST}(9.636, 9, 4) = 0.021\,681\,58$。

R 语言法：$P = \text{pf}(9.636, 9, 4, \text{lower. tail} = \text{FALSE}, \text{log. p} = \text{FALSE}) = 0.021\,681\,58$。

$P < \alpha$，这两组样本资料方差的差别有统计学意义，可以认为这两组资料不方差，因此做 t 检验。

H_0：两组籼稻米粗蛋白相同，即 $\mu_1 = \mu_2$。

H_1：两组籼稻米粗蛋白不相同，即 $\mu_1 \neq \mu_2$。

$\alpha = 0.05$。

联合标准差：$S'_{\overline{X}_1-\overline{X}_2}=\sqrt{\dfrac{S_1^2}{n_1}+\dfrac{S_2^2}{n_2}}=\sqrt{\dfrac{1.06}{10}+\dfrac{0.11}{5}}=0.36$。

$$t'=\frac{(\overline{X}_1-\overline{X}_2)}{S'_{\overline{X}_1-\overline{X}_2}}=\frac{(7.32-7.62)}{0.36}=-0.838$$

$$t'_{0.05}=\frac{S_{\overline{X}_1}^2 t_{0.05(9)}+S_{\overline{X}_2}^2 t_{0.05(4)}}{S_{\overline{X}_1}^2+S_{\overline{X}_2}^2}=2.35$$

$|t'|<t'_\alpha$，则 $P>\alpha$，推断两种大米粗蛋白含量无显著差异。

注意：这里 t' 为负值，是在左侧跟标准界值进行比较，数据点位于界值的右边，因此 $P>\alpha$。

例3 测得某克山病区 11 例急性克山病患者和 13 名健康人的血磷值（mg%）。问该地急性克山病患者与健康人的血磷值是否相同？患者（X_1）：2.60，3.24，3.73，3.73，4.32，4.73，5.18，5.58，5.78，6.40，6.53；健康人（X_2）：1.67，1.98，1.98，2.33，2.34，2.50，3.60，3.73，4.14，4.17，4.57，4.82，5.78。

两个样本组的样本量分别是 11 和 13，为小样本资料，比较二者均值，做双侧成组资料的 t 检验。$S_1^2=\dfrac{\sum x_1^2-\dfrac{\left(\sum x_1\right)^2}{n_1}}{n_1-1}=1.6977$，$S_2^2=\dfrac{\sum x_2^2-\dfrac{\left(\sum x_2\right)^2}{n_2}}{n_2-1}=1.7014$。方差计算可用 Excel 中 VAR() 函数和 R 语言的 var() 函数。

1. 直接计算法

先做方差齐性检验。

H_0：两组资料方差齐，即 $\sigma_1^2=\sigma_2^2$。

H_1：两组资料方差不齐，即 $\sigma_1^2\neq\sigma_2^2$。

$\alpha=0.10$，计算 F 值和自由度：$F=\dfrac{S_2^2}{S_1^2}=\dfrac{1.7014}{1.6977}=1.002$，$v_1=12$，$v_2=10$。

计算 P 值。

Excel 法：$P=\text{FDIST}(1.002,12,10)=0.5061219$。

R 语言法：$P=\text{pf}(1.002,12,10,\text{lower.tail}=\text{FALSE},\text{log.p}=\text{FALSE})=0.5061219$。

$P>\alpha$，方差齐。

本例资料近似正态分布（两个样本组的平均数均大于 2 倍的标准差），两组样本的方差相近，满足成组 t 检验的条件。$\alpha=0.05$，计算 t 值和自由度。

H_0：某地急性克山病患者的血磷脂和正常人血磷脂相同，即 $\mu_1=\mu_2$。

H_1：某地急性克山病患者的血磷脂和正常人血磷脂不相同，即 $\mu_1\neq\mu_2$。

$\alpha=0.05$。

$$S_c^2=\frac{\sum x_1^2-\dfrac{\left(\sum x_1\right)^2}{n_1}+\sum x_2^2-\dfrac{\left(\sum x_2\right)^2}{n_2}}{n_1+n_2-2}$$

$$=\frac{261.0968-51.82^2/11+166.7113-43.61^2/13}{11+13-2}=1.6997$$

$$S_{\bar{X}_1 - \bar{X}_2} = \sqrt{S_c^2 \times \left(\frac{1}{n_1} + \frac{1}{n_2}\right)} = \sqrt{1.699\ 7 \times \left(\frac{1}{11} + \frac{1}{13}\right)} = 0.534\ 1$$

$$t = \frac{|\bar{X}_1 - \bar{X}_2|}{S_{\bar{X}_1 - \bar{X}_2}} = \frac{|4.711 - 3.355|}{0.534\ 1} = 2.539, v = n_1 + n_2 - 2 = 22$$

计算 P 值。

Excel 法：$P = \text{TDIST}(2.539, 22, 2) = 0.018\ 699\ 7$。

R 语言法：$P = 2 * \text{pt}(2.539, 22, \text{lower. tail} = \text{FALSE}, \text{log. p} = \text{FALSE}) = 0.018\ 699\ 72$。

$P < \alpha$，差别显著，可以认为该地急性克山病患者与健康人的血磷值不同。

2. Excel 法

先作方差齐性检验：$\alpha = 0.10$，直接采用数据分析中的 F-检验工具。

(1)单击数据菜单→数据分析工具→"F-检验：双样本方差"→单击"确定"按钮。

(2)变量 1 的区域：选择患者及其数据。

(3)变量 2 的区域：选择健康人及其数据。

(4)选择标志(L)：如果选择的数据区域有表头需要勾选，否则不勾选。

(5)选择 $\alpha = 0.10$。

(6)输出区域，选择一个空白单元格。

(7)单击"确定"按钮。

可以得到 $P(F \leqslant f)$ 单尾 $= 0.506\ 034$，因此两个样本方差齐。

下一步作两个样本等方差 t 检验。

(1)单击数据菜单→数据分析工具→"t-检验：双样本等方差假设"→单击"确定"按钮。如果两个样本方差不齐，则可以选择 t-检验：双样本异方差假设。

(2)变量 1 的区域：选择患者及其数据。

(3)变量 2 的区域：选择健康人及其数据。

(4)假设平均差：0。

(5)选择标志(L)：如果选择的数据区域有表头需要勾选，否则不勾选。

(6)选择 $\alpha = 0.05$。

(7)输出区域，选择一个空白单元格。

(8)单击"确定"按钮。

双样本方差分析如图 4-2 所示。

$P < \alpha$(取双尾概率)，差别显著，可以认为该地急性克山病患者与健康人的血磷值不同。

3. R 语言法

```
sick<-c(2.6,3.24,3.73,3.73,4.32,4.73,5.18,5.58,5.78,6.4,6.53)
ck<-c(1.67,1.98,1.98,2.33,2.34,2.5,3.6,3.73,4.14,4.17,4.57,4.82,5.78)
var.test(sick,ck,ratio=1,alternative="less")      # 方差齐性分析
t.test(sick,ck,paired=FALSE,var.equal=TRUE)        # paired=FALSE 说明成组
                                                      t 检验
```

	A	B	C	D	E	F	G
1	克山病（血磷值）			F-检验 双样本方差分析			
2	患者	健康人					
3	2.6	1.67			患者	健康人	
4	3.24	1.98		平均	4.710909	3.354615	
5	3.73	1.98		方差	1.697749	1.701377	
6	3.73	2.33		观测值	11	13	
7	4.32	2.34		df	10	12	
8	4.73	2.5		F	0.997868		
9	5.18	3.6		P(F<=f) 单	0.506034		
10	5.58	3.73		F 单尾临界	0.437819		
11	5.78	4.14					
12	6.4	4.17		t-检验: 双样本等方差假设			
13	6.53	4.57					
14		4.82			患者	健康人	
15		5.78		平均	4.710909	3.354615	
16				方差	1.697749	1.701377	
17				观测值	11	13	
18				合并方差	1.699728		
19				假设平均差	0		
20				df	22		
21				t Stat	2.539373		
22				P(T<=t) 单	0.009342		
23				t 单尾临界	1.321237		
24				P(T<=t) 双	0.018684		
25				t 双尾临界	1.717144		
26							

图 4-2　双样本方差分析

结果如下所述。

方差齐性分析：

F test to compare two variances

data：sick and ck

$F=0.997\,9$, num df$=10$, denom df$=12$, p$-$value$=0.506$

$P=0.506>0.1$，说明两个样本方差齐，因此进行成组 t 检验。

t 检验结果为：

Two Sample t$-$test

data：sick and ck

$t=2.539\,4$, df$=22$, p$-$value$=0.018\,68$

$P<\alpha$，差别显著，可以认为该地急性克山病患者与健康人的血磷值不同。

例 4　随机测量某食品厂生产的某种罐头的 SO_2 含量，正常罐头：100.0、94.2、98.5、99.2、96.4、102.5，异常罐头：130.2、131.3、130.5、135.2、135.2、133.5，试问这两种罐头的 SO_2 含量是否有差别？

本研究虽然两组样本数相同，但显然并不是配对设计，只是分别测定了 6 瓶罐头，属于成组设计，因此应考虑作为成组 t 检验。

1. Excel 法

先作方差齐性检验，$\alpha=0.10$，直接采用数据分析中的 F-检验工具。

(1)数据录入。

(2)单击数据菜单→选择数据分析工具→"F-检验：双样本方差"→单击"确定"按钮。

(3)变量 1 的区域：选择正常罐头及其数据。

（4）变量 2 的区域：选择异常罐头及其数据。

（5）选择标志（L）：如果选择的数据区域有表头需要勾选，否则不勾选。

（6）选择 $\alpha=0.10$。

（7）输出区域：选择一个空白单位格。

（8）单击"确定"按钮。

可以得到 $P(F\leqslant f)$ 单尾 $=0.311$，因此两个样本方差齐。

下一步作两组样本 t 检验（等方差）。

（1）单击数据菜单→选择数据分析工具→"t-检验：双样本等方差假设"→单击"确定"按钮。

（2）变量 1 的区域：选择正常罐头及其数据。

（3）变量 2 的区域：选择异常罐头及其数据。

（4）选择标志（L）：如果选择的数据区域有表头需要勾选，否则不勾选。

（5）选择 $\alpha=0.05$。

（6）输出区域：选择一个空白单位格。

（7）单击"确定"按钮。

可以得到 $P(T\leqslant t)$ 双尾 $=6.104\mathrm{e}-10$，两个样本均值差异显著，可以认为这两种罐头的 SO_2 含量有差异。

2. R 语言法

```
# 数据输入
normal<-c(100.0,94.2,98.5,99.2,96.4,102.5)
abnormal<-c(130.2,131.3,130.5,135.2,135.2,133.5)
var.test(normal,abnormal,ratio=1,alternative="greater")    # 方差齐性检验结果
t.test(normal,abnormal,paired=FALSE,var.equal=TRUE)    # 方差齐的成组 t 检验
```

结果如下。

F test to compare two variances

data：normal and abnormal

$F=1.5906$，num df $=5$，denom df $=5$，p-value $=0.3115$

$P=0.3115>0.1$，说明两个样本方差齐，因此可以进行成组 t 检验。

Two Sample t-test

data：normal and abnormal

$t=-22.737$，df $=10$，p-value $=6.104\mathrm{e}-10$

可见 $P<0.001$，差异极显著，认为这两种罐头的 SO_2 含量有差别。

（五）配对 t 检验

例 1　在研究饮食中缺乏维生素 E 与肝中维生素 A 的关系时，将试验动物按性别、体重等配成 8 对，并将每对中的两只试验动物用随机分配法分配在正常饲料组和维生素 E 缺乏组中，然后将试验动物杀死，测定其肝中的维生素 A 的含量，结果见表 4-2。试问维生素 E 缺乏与肝中维生素 A 的含量是否有关？

表 4-2　肝脏中维生素 A 含量　　　　　　　　　　　μg

项目	1	2	3	4	5	6	7	8
正常饲料	3 550	2 000	3 000	3 950	3 800	3 750	3 450	3 050
维生素 E 缺乏饲料	2 450	2 400	1 800	3 200	3 250	2 700	2 500	1 750

1. 直接计算法

本例属于配对设计资料,需要进行配对 t 检验(双侧),$\alpha = 0.05$。

表格中添加两列,差值 d 和 d^2,并计算 t 值。

H_0:维生素 E 的缺乏和肝中维生素 A 的含量无关,则两组小鼠肝脏维生素 A 差值的总体均数为零,即 $\mu_d = 0$。

H_1:维生素 E 的缺乏和肝中维生素 A 的含量有关,则两组小鼠肝脏维生素 A 差值的总体均数不为零,即 $\mu_d \neq 0$。

$$\bar{d} = \frac{\sum d_i}{n}$$

$$S_d = \sqrt{\frac{\sum d_i^2 - \frac{\left(\sum d_i\right)^2}{n}}{n-1}} = \sqrt{\frac{7\,370\,000 - \frac{6\,500^2}{8}}{8-1}} = 546.253\,5$$

$$S_{\bar{d}} = \frac{S_d}{\sqrt{n}} = 193.129\,777$$

故 $t = \dfrac{|\bar{d} - \mu_d|}{S_{\bar{d}}}$ 服从自由度 $\upsilon = n-1$ 的 t 分布,在无效假设 $H_0:\mu_d = 0$ 时,$t = 4.207$。

计算 P 值。

Excel 法:$P = \text{TDIST}(4.207, 7, 2) = 0.004\,001$,(图 4-3)。

R 语言法:$P = 2 * \text{pt}(4.207, 7, \text{lower.tail} = \text{FALSE}, \log.\,p = \text{FALSE}) = 0.004\,000\,619$。

$P < \alpha$,可以认为饲喂维生素 E 缺乏饲料会引起试验动物肝中维生素 A 的改变,即维生素 E 缺乏与试验动物肝中维生素 A 含量有关。

图 4-3　Excel 法

2. Excel 法

直接采用数据分析中的 t 检验工具。

(1)单击数据菜单→选择数据分析工具→"t-检验:成对双样本均值分析"→单击"确定"按钮。

(2)变量 1 的区域:选择正常饲料组及其数据。

(3)变量 2 的区域:选择维生素 E 缺乏组及其数据。

(4)假设平均差:0。

(5)选择标志(L):如果选择的数据区域有表头需要勾选,否则不勾选。

(6)选择 $\alpha = 0.05$。

(7)输出区域,选择一个空白单元格。

(8)单击"确定"按钮。

双尾 $P = 0.004\,000\,54 < \alpha$,可以认为饲喂维生素 E 缺乏饲料会引起试验动物肝中维生素 A 的改变,即维生素 E 缺乏与试验动物肝中维生素 A 含量有关(图 4-4)。

	A	B	C	D
1	不同饲料饲养下试验动物肝中的维生素A含量（IU/g）			
2	动物配对	正常饲料	维生素E缺乏饲料	
3	1	3550	2450	
4	2	2000	2400	
5	3	3000	1800	
6	4	3950	3200	
7	5	3800	3250	
8	6	3750	2700	
9	7	3450	2500	
10	8	3050	1750	
11				
12	t-检验: 成对双样本均值分析			
13				
14		正常饲料	维生素E缺乏饲料	
15	平均	3318.75	2506.25	
16	方差	399955.3571	308169.6429	
17	观测值	8	8	
18	泊松相关系数	0.583538282		
19	假设平均差	0		
20	df	7		
21	t Stat	4.207015884		
22	P(T<=t) 单尾	0.00200027		
23	t 单尾临界	1.894578605		
24	P(T<=t) 双尾	0.00400054		
25	t 双尾临界	2.364624252		
26				

Sheet1

图 4-4   Excel 法

3. R 语言法

```
health< - c(3 550,2 000,3 000,3 950,3 800,3 750,3 450,3 050)
defect< - c(2 450,2 400,1 800,3 200,3 250,2 700,2 500,1 750)
t. test(health,defect,paired = TRUE)   # paired = TRUE 表示配对 t 检验
```

结果如下。

Paired t-test

data：health and defect

$t = 4.207, df = 7, p\text{-value} = 0.004\ 001$

$P = 0.004\ 000\ 1 < \alpha$，可以认为维生素 E 缺乏与试验动物肝中维生素 A 含量有关。

另外除了用 t. test() 函数完成原假设的检验外，R 语言中还可以用 DAAG 包中的 onesamp() 函数来完成检验。

例 2 为研究电渗处理对草莓果实中钙离子含量的影响，用 10 个草莓品种进行随机对比试验，电渗处理（mg）：22.23、23.42、23.25、21.38、24.45、22.42、24.37、21.75、19.82、22.56，对照（mg）：18.04、20.32、19.64、16.38、21.37、20.43、18.45、20.04、17.38、18.42，试问电渗处理对草莓钙离子含量是否有影响？

分析该题目，同一品种结成对子，分别进行电渗处理和对照处理，采用了配对设计，需要进行配对 t 检验。

1. Excel 法

数据录入。

（1）单击数据菜单→选择数据分析工具→"t-检验：平均值的成对二样本分析"→单击"确定"按钮。

（2）变量 1 的区域：选择电渗处理及其数据。

（3）变量 2 的区域：选择对照及其数据。

（4）选择标志（L）：如果选择的数据区域有表头需要勾选，否则不勾选。

（5）选择 $\alpha = 0.05$。

（6）输出区域：选择一个空白单位格。

（7）单击"确定"按钮。

可以得到 $P(T \leqslant t)$ 双尾 $= 1.56\text{e}-05$，因此两个样本均值存在显著差异。

2. R 语言法

```
# 数据输入
treatment <- c(22.23,23.42,23.25,21.38,24.45,22.42,24.37,21.75,19.82,22.56)
control <- c(18.04,20.32,19.64,16.38,21.37,20.43,18.45,20.04,17.38,18.42)
# 进行配对 t 检验
t. test(treatment,control,paired = TRUE)
```

结果如下。

Paired t-test

data： treatment and control

$t = 8.358, df = 9, p\text{-value} = 1.558\text{e}-05$

可见 $P < 0.001$，差异极显著，这 10 个品种草莓果实钙离子的两种测量结果差别极显著，电渗处理对草莓钙离子含量有影响。

第五章

方差分析

在前面章节中介绍了 t 检验的方法,进行两个样本均数或者一个样本均数与已知总体均数的比较。显然在实际工作中要比较的样本可能不止两组,这时就不能用 t 检验直接进行比较了,否则会大大增加假设检验时 Ⅰ 型错误的概率。当要对两个以上的样本均值进行比较时,应采用方差分析的方法进行检验。

一、知识点

(一)基本思想

方差分析(analysis of variance,ANOVA)的基本思想就是根据研究设计方法和分析的需要,将全部观察值之间的变异——总变异,按设计和需要分解为两个或多个部分。例如单因素的方差分析,$SS_{总}=SS_{组间}+SS_{组内}$,其中 $SS_{组间}$ 为处理因素的作用,$SS_{组内}$ 为随机误差;通过各处理因素来源的变异均方($MS_{组间}=SS_{组间}/v_{组间}$)和随机误差均方($MS_{组内}=SS_{组内}/v_{组内}$)比值的大小,借助 F 分布做出统计推断,判断各因素对各组平均数有无影响。若对平均数有影响,则进一步进行多重比较,明确具体组间差异。

(二)方差分析的适用条件

(1)方差分析要求各样本是相互独立的随机样本。

(2)各样本均来自正态分布总体。在实际工作中,由于中心极限定理的存在,这个要求不是十分严格,或者说不苛求,近似正态分布也可以。

(3)各总体方差相等,即方差齐。这个要求比较严格,这是多个样本进行方差分析的基础。

(三)方差分析的类别

1. 完全随机设计的单因素方差分析

适用于只有一个处理因素的完全随机设计,这个处理因素可以有两个或两个以上的处理水平,观察指标为连续变量。根据随机化分组方案将同质的受试对象随机分配到各处理组,或者分别从不同的总体随机抽取样本来观察研究某个/些指标,除要求处理的因素外,各组间的其他非处理因素应当保持一致。

2. 随机区组设计的两因素方差分析

随机区组设计是先将全部受试对象按某种可能与处理因素有关的特征分为若干区组,使每一区组的受试对象例数与处理因素的分组数相等(无重复的双因素),在每个区组内分别进行随机化,使每个受试对象有相同的机会接受一种处理水平。设共有 n 个区组,处理因素有 k 个水平,受试对象总数为 $N=n\times k$。

(四)方差分析两两比较:控制 Ⅰ 型错误

方差分析是通过对各处理组的均数是否相等进行总的检验,但是当 H_0 被拒绝后,研究者往往希望了解到底是哪些处理组间的均数存在差异,此时需要进行均数之间的多重比较,就会涉及累积 Ⅰ 型错误的问题。当有 a 组的均数需作两两比较时,比较的次数共有 $c=a!/[2!(a-2)!]$。例如当 $a=3$ 时,$c=4$;$a=4$ 时,$c=6$。比较的次数越多,在无效假设为真时,拒绝无效假设时累积Ⅰ型错误概率也越大。设每次检验水准为 α，累积Ⅰ型错误的概率为 α'，则在对同一资料进行 c 次检验时，在样本彼此独立的条件下，根据概率乘法原理，其累积Ⅰ型错误概率 $\alpha'=1-(1-\alpha)^c$。比如 $\alpha=0.05$，$c=3$ 时，其累积Ⅰ型错误的概率为 $\alpha'=1-(1-0.05)^3=0.143$。因此两两比较时要采用新的处理方法来控制Ⅰ型错误，常用两两比较的方法有 SNK 法、LSD 法和 Dunnett t 检验等。

二、操作要点

（一）数据结构与实现

使用 Excel 进行单因素方差分析时，需要先录入数据，根据因素的每一个水平按每一列或每一行进行排列数据。在随后数据分析中，要选择组别是按行排列还是按列排列。

1. 单因素数据结构

以不同类型海产品食品中无机砷含量为例(表 5-1)。

表 5-1 不同类型海产品食品中无机砷含量 mg/kg

类型	无机砷含量						
鱼类 A	0.31	0.25	0.52	0.36	0.38	0.51	0.42
贝类 B	0.63	0.27	0.78	0.52	0.62	0.64	0.70
甲壳类 C	0.69	0.53	0.76	0.58	0.52	0.60	0.61
藻类 D	1.50	1.23	1.30	1.45	1.32	1.44	1.43
软体类 E	0.72	0.63	0.59	0.57	0.78	0.52	0.64

Excel 表格中的排列形式如图 5-1 所示。

按行排列

A	B	C	D	E	F	G	H
鱼类A	0.31	0.25	0.52	0.36	0.38	0.51	0.42
贝类B	0.63	0.27	0.78	0.52	0.62	0.64	0.70
甲壳类C	0.69	0.53	0.76	0.58	0.52	0.60	0.61
藻类D	1.50	1.23	1.30	1.45	1.32	1.44	1.43
软体类E	0.72	0.63	0.59	0.57	0.78	0.52	0.64

按列排列

鱼类A	贝类B	甲壳类C	藻类D	软体类E
0.31	0.63	0.69	1.50	0.72
0.25	0.27	0.53	1.23	0.63
0.52	0.78	0.76	1.30	0.59
0.36	0.52	0.58	1.45	0.57
0.38	0.62	0.52	1.32	0.78
0.51	0.64	0.60	1.44	0.52
0.42	0.70	0.61	1.43	0.64

图 5-1 Excel 表格中的排列形式

R 语言进行方差分析时，采用分类因子进行分组。单因素方差分析数据整理的具体做法是采用两列数据，其中一列是具体的观察数据，另一列是分类因子数据。同样以不同类型海产品食品中无机砷含量为例。

在 R 语言中输入：

```
a<-c(0.31,0.25,0.52,0.36,0.38,0.51,0.42,0.63,0.27,0.78,0.52,0.62,0.64,0.7,
    0.69,0.53,0.76,0.58,0.52,0.6,0.61,1.5,1.23,1.3,1.45,1.32,1.44,1.43,
    0.72,0.63,0.59,0.57,0.78,0.52,0.64)
b<-c("鱼类A","贝类B","甲壳类C","藻类D","软体类E")
c<-factor(rep(b,each=7))        ♯ 按照因子归类海产品的数据
sea<-data.frame(a,c)            ♯ 将砷含量数据和因子数据合并成一个数据框
```

结果(取前十行)如下所示。

	a	c
1	0.31	鱼类A
2	0.25	鱼类A
3	0.52	鱼类A
4	0.36	鱼类A
5	0.38	鱼类A
6	0.51	鱼类A
7	0.42	鱼类A
8	0.63	贝类B
9	0.27	贝类B
10	0.78	贝类B

2. 双因素数据结构

以3名化验员检测某乳制品厂生产的牛乳酸度为例。

Excel中采用行和列来分别排列双因素数据(表5-2)。

表5-2　3名化验员检测某乳制品厂生产的牛乳酸度　　　　　　　　　　　°T

	B1	B2	B3	B4	B5	B6	B7	B8	B9	B10
A1	11.71	10.81	12.39	12.56	10.64	13.26	13.34	12.67	11.27	12.68
A2	11.78	10.70	12.50	12.35	10.32	12.93	13.81	12.48	11.60	12.65
A3	11.61	10.75	12.40	12.41	10.72	13.10	13.58	12.88	11.46	12.94

Excel表格中的排列形式如图5-2所示。

A	B	C	D	E	F	G	H	I	J	K
	B1	B2	B3	B4	B5	B6	B7	B8	B9	B10
A1	11.71	10.81	12.39	12.56	10.64	13.26	13.34	12.67	11.27	12.68
A2	11.78	10.70	12.50	12.35	10.32	12.93	13.81	12.48	11.60	12.65
A3	11.61	10.75	12.40	12.41	10.72	13.10	13.58	12.88	11.46	12.94
	A1	A2	A3							
B1	11.71	11.78	11.61							
B2	10.81	10.70	10.75							
B3	12.39	12.50	12.40							
B4	12.56	12.35	12.41							
B5	10.64	10.32	10.72							
B6	13.26	12.93	13.10							
B7	13.34	13.81	13.58							
B8	12.67	12.48	12.88							
B9	11.27	11.60	11.46							
B10	12.68	12.65	12.94							

图5-2　双因素数据排列形式

R 语言采用三列数据进行排列双因素数据,其中一列为观察值,另外两列用于双因素的分组情况。

在 R 语言中输入:

```
milk<-data.frame(value=c(11.71,10.81,12.39,12.56,10.64,13.26,13.34,12.67,
    11.27,12.68,11.78,10.7,12.5,12.35,10.32,12.93,13.81,12.48,11.6,12.65,
    11.61,10.75,12.4,12.41,10.72,13.1,13.58,12.88,11.46,12.94),analyst=
    gl(3,10),time=gl(10,1,30))
```

结果(前十行)如下所示。

	Value	analyst	time
1	11.71	1	1
2	10.81	1	2
3	12.39	1	3
4	12.56	1	4
5	10.64	1	5
6	13.26	1	6
7	13.34	1	7
8	12.67	1	8
9	11.27	1	9
10	12.68	1	10

(二)正态检验与方差齐性分析

正态性检验:样本量大于 50,则应该使用 Kolmogorov-Smirnov 检验结果,反之则使用 Shapiro-Wilk 检验的结果。使用 Excel 进行正态性检验比较烦琐,建议采用 R 语言法,所用函数分别为 ks. test()或 shapiro. test()。另外,在实际操作中,也可以采用数据的频数分布、正态概率分布图 Q-Q 法等进行正态性检验。

方差齐性检验:Excel 能用 F 检验做双样本的方差齐性检验,不能直接做多样本的。建议采用 R 语言,所用函数为 bartlett. test()。

检验发现不是正态分布或者/和方差不齐,还应该考虑变量变换等。

使用 R 语言进行方差齐性检验,以不同类型海产品食品中无机砷含量为例。

```
a<-c(0.31,0.25,0.52,0.36,0.38,0.51,0.42,0.63,0.27,0.78,0.52,0.62,0.64,0.7,
    0.69,0.53,0.76,0.58,0.52,0.6,0.61,1.5,1.23,1.3,1.45,1.32,1.44,1.43,
    0.72,0.63,0.59,0.57,0.78,0.52,0.64)
b<-c("鱼类 A","贝类 B","甲壳类 C","藻类 D","软体类 E")
c<-factor(rep(b,each=7))        ♯ 按照因子归类海产品的数据
sea<-data.frame(a,c)            ♯ 将砷含量数据和因子数据合并成一个数据框
by(sea$a,sea$c,shapiro.test)    ♯ 对各组样本进行正态性检验
bartlett.test(a~c,data=sea)     ♯ 针对正态分布的数据进行方差齐性检验
```

(三)不同类型数据的方差分析

方差分析依据数据类型可分为完全随机设计的单因素方差分析和随机区组设计的两因素方差分析。

1. 单因素方差分析

(1)Excel 法

①将数据录入到 Excel 中。

②单击数据菜单,单击数据分析工具。

③选择"方差分析:单因素方差分析",单击"确定"按钮。

④输入区域:选择数据区域的所有数据,包括组名。

⑤选择分组方式,如果以行分组,选择"行"。

⑥勾选标志位于第一列,$\alpha = 0.05$。

⑦输出选项,选择输出区域,单击任意一个空白处。

⑧确定,即为方法分析结果。

(2)R 语言法

使用函数为 aov(变量~因素,data=数据)。

2. 随机区组设计的两因素方差分析

(1)Excel 法

①将数据复制到 Excel 中。

②单击数据菜单,单击数据分析工具。

③选择"方差分析:无重复双因素分析",单击"确定"按钮。

④输入区域:选择数据区域的所有数据,包括组名。

⑤勾选标志位于第一列,$\alpha = 0.05$。

⑥输出选项,选择输出区域,单击任意一个空白处。

⑦确定,即为方差分析结果。

(2)R 语言法

使用函数为 aov(变量~因素1+因素2,data=数据)。

三、操作案例

(一)完全随机设计的单因素方差分析

例 1 海产食品中砷的允许量标准以无机砷作为评价指标。现用萃取法随机抽样测定了我国某产区 5 类海产食品中无机砷含量,结果见表 5-3。其中藻类以干重计,其余 4 类以鲜重计。问该产区不同类型的海产食品中砷含量是否相同?

表 5-3 不同类型海产品食品中无机砷含量 　　　　　　　　　　mg/kg

类型	无机砷含量						
鱼类 A	0.31	0.25	0.52	0.36	0.38	0.51	0.42

续表5-3

类型	无机砷含量						
贝类 B	0.63	0.27	0.78	0.52	0.62	0.64	0.70
甲壳类 C	0.69	0.53	0.76	0.58	0.52	0.60	0.61
藻类 D	1.50	1.23	1.30	1.45	1.32	1.44	1.43
软体类 E	0.72	0.63	0.59	0.57	0.78	0.52	0.64

要点：本例中，随机测定了 5 类不同类型各 7 个样品的无机砷含量，应属于完全随机设计，应用单因素分差分析方法来检验这 5 类海产食品中无机砷含量是否相同。

H_0：不同类型的海产品含砷量相同，即 $\mu_A=\mu_B=\mu_C=\mu_D=\mu_E$。

H_1：不同类型的海产品含砷量不相同，即至少有两组样本所在总体均值不相同。

$\alpha=0.05$。

1. Excel 法

如图 5-3 所示。

(1)将数据复制到 Excel 中。

(2)单击数据菜单，选择数据分析工具。

(3)选择方差分析：单因素方差分析，单击“确定”按钮。

(4)输入区域，选择数据区域的所有数据。

(5)分组方式，选择行。

(6)标志位于第一列。

(7)α(A)填入 0.05。

(8)输出选项，选择输出区域，单击任意一个空白处。

(9)“确定”，即得方差分析结果。

A	B	C	D	E	F	G	H
	不同类型海产品食品中无机砷含量（mg/kg）						
鱼类A	0.31	0.25	0.52	0.36	0.38	0.51	0.42
贝类B	0.63	0.27	0.78	0.52	0.62	0.64	0.70
甲壳类C	0.69	0.53	0.76	0.58	0.52	0.60	0.61
藻类D	1.50	1.23	1.30	1.45	1.32	1.44	1.43
软体类E	0.72	0.63	0.59	0.57	0.78	0.52	0.64

问该产区不同类型的海产食品中的砷含量时否相同

方差分析：单因素方差分析

SUMMARY

组	观测数	求和	平均	方差
鱼类A	7	2.75	0.392857	0.009857
贝类B	7	4.16	0.594286	0.026729
甲壳类C	7	4.29	0.612857	0.00739
藻类D	7	9.67	1.381429	0.009648
软体类E	7	4.45	0.635714	0.007962

方差分析

差异源	SS	df	MS	F	P-value	F crit
组间	4.051874	4	1.012969	82.24055	9.99E-16	2.689628
组内	0.369514	30	0.012317			
总计	4.421389	34				

图 5-3　方差分析结果

结果统计量 $F=82.241, P=9.99e-16<\alpha$,该产区不同类型海产食品的无机砷含量差异显著,可以认为该产区不同类型海产食品的无机砷含量不相同或说有差异。

2. R 语言法

将例子中的 Excel 数据存为 seafood. csv,不要标题"不同类型的海产食品中的砷含量"。

```
a< - read. csv("seafood. csv",head = F)   # 载入数据
rownames(a)< - a[,1]                      # 第一列设为每个样品名字
b< - t(a[,-1])                            # unlist 是按列展开,本例的种类是按行,因此
                                            先转置
b< - unlist(as. list(b))                  # 先把数据框转为列表,否则展开不了
c< - factor(rep(a[,1],each = 7))          # 按照因子归类海产品的数据
sea< - data. frame(b,c)                   # 将砷含量数据和因子数据合并成一个数据框
by(sea $ a,sea $ c,shapiro. test)         # 对各组样本进行正态性检验
bartlett. test(a~c,data = sea)            # 针对正态分布的数据进行方差齐性检验
aov< - aov(sea $ b~sea $ c,data = sea)    # 方差分析 summary(aov)
```

或者采用直接将数据录入,赋值给变量 a。

```
a< - c(0. 31,0. 25,0. 52,0. 36,0. 38,0. 51,0. 42,0. 63,0. 27,0. 78,0. 52,0. 62,0. 64,0. 7,
0. 69,0. 53,0. 76,0. 58,0. 52,0. 6,0. 61,1. 5,1. 23,1. 3,1. 45,1. 32,1. 44,1. 43,0. 72,0. 63,
0. 59,0. 57,0. 78,0. 52,0. 64)
b< - c("鱼类 A","贝类 B","甲壳类 C","藻类 D","软体类 E")
c< - factor(rep(b,each = 7))          # 按照因子归类海产品的数据
sea< - data. frame(a,c)               # 将砷含量数据和因子数据合并成一个数据框
by(sea $ a,sea $ c,shapiro. test)     # 对各组样本进行正态性检验
bartlett. test(a~c,data = sea)        # 针对正态分布的数据进行方差齐性检验
aov< - aov(sea $ a~sea $ c,data = sea) # 方差分析
summary(aov)
```

正态性检验结果:

sea $ c:贝类 B

          Shapiro-Wilk normality test

W$=0. 87757$,p-value$=0. 2159$

----

sea $ c:甲壳类 C

          Shapiro-Wilk normality test

W$=0. 92259$,p-value$=0. 4898$

----

sea $ c:软体类 E

          Shapiro-Wilk normality test

W$=0. 96329$,p-value$=0. 8464$

----

sea＄c:鱼类 A

Shapiro-Wilk normality test

W＝0.95221,p-value＝0.7497

----

sea＄c:藻类 D

Shapiro-Wilk normality test

W＝0.91886,p-value＝0.4606

$P_{均}>0.05$,说明各组样本均符合正态分布。

方差齐性分析的结果:

Bartlett test of homogeneity of variances

data： a by c

Bartlett's K-squared＝3.597,df＝4,p-value＝0.4633

$P>0.1$,说明各组方差齐。

方差分析结果:

	Df	Sum Sq	Mean Sq	F value	Pr(>F)
sea＄c	4	4.052	1.013 0	82.24	9.99e−16 ***
Residuals	30	0.370	0.012 3		

Signif. codes： 0′ *** ′0.001′ ** ′0.01′ * ′0.05′. ′0.1″1

$F＝82.24,P＝9.99e-16<\alpha$,该产区不同类型海产食品的无机砷含量差异显著,可以认为该产区不同类型海产食品的无机砷含量不相同或说有差异。

例2 在食品卫生检查中,对4种不同品牌腊肉的酸价[中和1 g油脂中所含的游离脂肪酸时所需的氢氧化钾的质量(mg)]进行了随机抽样检测,结果见表5-4。试分析这四种不同品牌腊肉的酸价指标有无差异?

表5-4　4种品牌腊肉酸价检测结果

品牌	酸价							
A	1.6	1.5	2.0	1.9	1.3	1.0	1.2	1.4
B	1.7	1.9	2.0	2.5	2.7	1.8		
C	0.9	1.0	1.3	1.1	1.9	1.6	1.5	
D	1.8	2.0	1.7	2.1	1.5	2.5	2.2	

要点:本例中,随机测定了4种不同品牌腊肉的酸价检测结果,应属于完全随机设计,应用单因素分差分析法来分析这4种品牌腊肉中酸价指标是否相同。

H_0:4种不同品牌腊肉的酸价指标相同,即 $\mu_A＝\mu_B＝\mu_C＝\mu_D$。

H_1:4种不同品牌腊肉的酸价指标不相同,即至少有2组样本所在总体均值不相同。

$\alpha＝0.05$。

1. Excel 法

如图 5-4 所示。

	A	B	C	D	E	F	G	H	I
1	品牌				酸价				
2	A	1.6	1.5	2.0	1.9	1.3	1.0	1.2	1.4
3	B	1.7	1.9	2.0	2.5	2.7	1.8		
4	C	0.9	1.0	1.3	1.1	1.9	1.6	1.5	
5	D	1.8	2.0	1.7	2.1	1.5	2.5	2.2	
6	问4种不同品牌腊肉的酸价指标有无差异								
7	方差分析：单因素方差分析								
8									
9	方差分析：单因素方差分析								
10									
11	SUMMARY								
12	组	观测数	求和	平均	方差				
13	A	8	11.9	1.4875	0.1155				
14	B	6	12.6	2.1	0.164				
15	C	7	9.3	1.3286	0.129				
16	D	7	13.8	1.9714	0.1124				
17									
18	方差分析								
19	差异源	SS	df	MS	F	P-value	F crit		
20	组间	2.8027	3	0.9342	7.286	0.0012	3.0088		
21	组内	3.0773	24	0.1282					
22									
23	总计	5.88	27						

图 5-4　方差分析结果

(1)将数据复制到 Excel 中。

(2)单击数据菜单,单击数据分析工具。

(3)选择方差分析:单因素方差分析,单击"确定"按钮。

(4)输入区域,选择数据区域的所有数据。

(5)分组方式,选择行。

(6)标志位于第一列。

(7)α(A)填入 0.05。

(8)输出选项,选择输出区域,单击任意一个空白处。

(9)"确定",即得方差分析结果。

结果 $F = 7.286$,$P = 0.0012 < \alpha$,4 个品牌腊肉的酸价差异显著。

2. R 语言法

将例子中的 Excel 数据存为 acidvalue.csv,不要标题"4 种品牌腊肉酸价检测结果"。

```
a<-read.csv("acidvalue.csv",head=F)      # 载入数据
rownames(a)<-a[,1]                        # 第一列设为每个样品名字
b<-t(a[,-1])                              # unlist 是按列展开,本例的种类是按行,因此
                                            先转置
b<-unlist(as.list(b))                     # 先把数据框转为列表,否则展开不了
c<-factor(rep(b,c(8,6,7,7)))              # 按照因子归类不同品牌的数据
acidvalue<-data.frame(b,c)
by(acidvalue $ a,acidvalue $ c,shapiro.test)    # 对各组样本进行正态性检验
bartlett.test(a~c,data=acidvalue)         # 针对正态分布的数据进行方差齐性检验
aov<-aov(acidvalue $ b~acidvalue $ c,data=acidvalue) # 方差分析 summary(aov)
```

或者采用直接将数据录入,赋值给变量 a。

```
a<-c(1.6,1.5,2.0,1.9,1.3,1.0,1.2,1.4,1.7,1.9,2.0,2.5,2.7,1.8,0.9,1.0,1.3,
1.1,1.9,1.6,1.5,1.8,2.0,1.7,2.1,1.5,2.5,2.2)
b<-c("A","B","C","D")
c<-factor(rep(b,c(8,6,7,7)))              # 按照因子归类不同品牌的数据
acidvalue<-data.frame(a,c)                # 将酸价数据和因子数据合并成一个
                                            数据框

by(acidvalue $ a,acidvalue $ c,shapiro.test)    # 对各组样本进行正态性检验
bartlett.test(a~c,data=acidvalue)        # 针对正态分布的数据进行方差齐性检验
aov<-aov(acidvalue $ a~acidvalue $ c,data=acidvalue)    # 方差分析
summary(aov)
```

正态性检验结果:

acidvalue $ c:A
　　　　　　Shapiro-Wilk normality test
$W=0.967\ 68$,p-value$=0.879\ 2$

----

acidvalue $ c:B
　　　　　　Shapiro-Wilk normality test
$W=0.877\ 57$,p-value$=0.258\ 1$

----

acidvalue $ c:C
　　　　　　Shapiro-Wilk normality test
$W=0.958\ 25$,p-value$=0.803\ 6$

----

acidvalue $ c:D
　　　　　　Shapiro-Wilk normality test
$W=0.989\ 81$,p-value$=0.992\ 9$

$P_{均}>0.05$,说明各组样本均符合正态分布。

正态性检验的结果:

Bartlett test of homogeneity of variances
data： a by c
Bartlett's K-squared$=0.23486$,df$=3$,p-value$=0.9718$

$P>0.1$,说明各组方差齐。

方差分析的结果:

	Df	Sum Sq	Mean Sq	F value	Pr(>F)
acid $ c	3	2.803	0.9342	7.286	0.00122 **
Residuals	24	3.077	0.1282		

Signif. codes: 0' *** '0. 001' ** '0. 01' * '0. 05'. '0. 1' '1

结果 $F=7.286$，$P=0.0012<\alpha$，4 个品牌腊肉的酸价差异显著。

例 3 例 1 中，某产区 5 种类型的海产食品无机砷含量之间的比较。经本章例 1 中方差分析发现该产区这 5 种海产食品的无机砷含量不相同。但具体哪些种类的相同，哪些种类的不同，并不清楚，需要做两两比较来发现。

要点：本题需进行两两比较，采用 SNK 法。

H_0：所比较的两组海产品含砷量相同。

H_1：所比较的两组海产品含砷量不相同。

$\alpha=0.05$。

1. Excel 法

(1)将数据复制到 Excel。

(2)先用数据分析工具进行单因素方差分析，得到例 1 的结果(此处省略)。

(3)然后进行多重比较的计算，用 q 检验，也称 SNK 法。计算 q 值，$q=\dfrac{|\overline{X}_A-\overline{X}_B|}{S_{\overline{X}_A-\overline{X}_B}}$，$S_{\overline{X}_A-\overline{X}_B}=\sqrt{\dfrac{MS_{误差}}{2}\left(\dfrac{1}{n_A}+\dfrac{1}{n_B}\right)}$，其中 $MS_{误差}$ 是组内均方，为 0.012 317(见例 1 中的 Excel 分析结果图)。

利用 Excel 的公式，各个数值计算后，填表(以 1 与 2 比较为例)。

(4)两数均差=鱼类 A 平均值－贝类 B 平均值＝ABS(B27－C27)。

(5)标准误差＝SQRT(MS/2 * (1/鱼类 A 样本数＋1/贝类 B 样本数))＝SQRT(D23/2 * (1/7＋1/7))。

(6)q 值＝两数均差/标准误差＝B32/C32。

(7)组数＝组次 2－组次 1＋1＝2－1＋1＝2。

(8)q 值需要查 q 值表。

(9)比较 q 值与 q 界值，得到 P 范围。

(10)根据 P 值大小，得到多重比较结果，用字母表示，小写表示差异显著，大写表示差异极显著(图 5-5)。

	A	B	C	D	E	F	G	H	I
25									
26	组次	1	2	3	4	5			
27	平均含量	0.393	0.594	0.613	0.636	1.381			
28	类别	鱼类	贝类	甲壳类	软体类	藻类			
29									
30	对比组	两均数差	标准误	q值	组数		q界值		P
31						α = 0.05	α = 0.01		
32	1与2	0.201	0.041947	4.791733	2	2.89	3.89		<0.01
33	1与3	0.22	0.041947	5.244683	3	3.49	4.45		<0.01
34	1与4	0.243	0.041947	5.792991	4	3.85	4.8		<0.01
35	1与5	0.988	0.041947	23.55339	5	4.1	5.05		<0.01
36	2与3	0.019	0.041947	0.45295	2	2.89	3.89		>0.05
37	2与4	0.042	0.041947	1.001258	3	3.49	4.45		>0.05
38	2与5	0.787	0.041947	18.76166	4	3.85	4.8		<0.01
39	3与4	0.023	0.041947	0.548308	2	2.89	3.89		>0.05
40	3与5	0.768	0.041947	18.30871	3	3.49	4.45		<0.01
41	4与5	0.745	0.041947	17.7604	2	2.89	3.89		<0.01
42									
43	组次	平均数	α = 0.05	α = 0.01					
44	5藻类	1.381	a	A					
45	4软体类	0.636	b	B					
46	3甲壳类	0.613	b	B					
47	2贝类	0.594	b	B					
48	1鱼类	0.393	c	C					
49									

图 5-5　比较结果

结果显示,1 组和 5 组与所有其他类型的海产食品的无机砷含量都有差别,2 组、3 组和 4 组之间无差别。

2. R 语言法

因为 Excel 没有专门的程序来进行多重比较,建议用专业统计软件。而 R 语言只用一个命令就可以完成。

先进行方差分析,与前面完全一致。

```
install.packages("agricolae")      # 安装 agricolae 工具包
library(agricolae)                 # 调用 agricolae 工具包
a<-c(0.31,0.25,0.52,0.36,0.38,0.51,0.42,0.63,0.27,0.78,0.52,0.62,0.64,0.7,
    0.69,0.53,0.76,0.58,0.52,0.6,0.61,1.5,1.23,1.3,1.45,1.32,1.44,1.43,0.72,
    0.63,0.59,0.57,0.78,0.52,0.64)
b<-c("鱼类 A","贝类 B","甲壳类 C","藻类 D","软体类 E")
c<-factor(rep(b,each=7))
sea<-data.frame(a,c)
aov<-aov(a~c,data=sea)             # 方差分析
summary(aov)                       # 方差分析结果
comparison<-SNK.test(aov,"c")      # 然后进行多重比较
comparison                         # 多重比较结果
```

结果如下:

$ groups

	trt	means	M
1	藻类 D	1.381 428 6	a
2	软体类 E	0.635 714 3	b
3	甲壳类 C	0.612 857 1	b
4	贝类 B	0.594 285 7	b
5	鱼类 A	0.392 857 1	c

结果显示,1 组和 5 组与所有其他类型的海产食品的无机砷含量都有差别,2 组、3 组和 4 组之间无差别。

另外,R 语言中还有很多工具包可以做多重比较,例如 GAD 包中的 snk.test() 以及 ExpDes 包中的 snk()。

例 4　用 4 种方法对食品样品中的汞进行测定,每种方法测定 5 次,结果如表 5-5 所示。试问这 4 种方法测定结果有无显著性差异?

表 5-5　4 种不同方法测定汞含量　　　　　　　　　　　　　　　　　　μg/kg

测定方法	测定结果				
A	22.6	21.8	21.0	21.9	21.5
B	19.1	21.8	20.1	21.2	21.0

续表5-5

测定方法	测定结果				
C	18.9	20.4	19.0	20.1	18.6
D	19.0	21.4	18.8	21.9	20.2

要点：本例中，用了 4 种方法随机食品样品中汞的含量，应属于完全随机设计，应用单因素方差分析方法来回答这 4 种方法测定结果有无显著性差异。

H_0：4 种方法测定的食品中汞含量相同，即 $\mu_A=\mu_B=\mu_C=\mu_D$。

H_1：4 种方法测定的食品中汞含量不相同，即至少有 2 组样本所在总体均值不相同。

$\alpha=0.05$。

1. Excel 法

(1)将数据复制到 Excel 中。

(2)单击数据菜单，单击数据分析工具。

(3)选择方差分析：单因素方差分析，单击"确定"按钮。

(4)输入区域，选择数据区域的所有数据。

(5)分组方式，选择行。

(6)标志位于第一列。

(7)α(A)填入 0.05。

(8)输出选项，选择输出区域，单击任意一个空白处。

(9)"确定"，即得方差分析结果(图 5-6)。

	A	B	C	D	E	F	G
1	测定方法		测定结果				
2	A	22.6	21.8	21	21.9	21.5	
3	B	19.1	21.8	20.1	21.2	21.0	
4	C	18.9	20.4	19.0	20.1	18.6	
5	D	19	21.4	18.8	21.9	20.2	
6	问4种方法测定食品样品中汞含量有无差异						
7	方差分析：单因素方差分析						
8							
9	方差分析：单因素方差分析						
10							
11	SUMMARY						
12	组	观测数	求和	平均	方差		
13	A	5	108.8	21.76	0.343		
14	B	5	103.2	20.64	1.113		
15	C	5	97	19.4	0.635		
16	D	5	101.3	20.26	1.928		
17							
18	方差分析						
19	差异源	SS	df	MS	F	P-value	F crit
20	组间	14.37	3	4.7898	4.7672	0.0147	3.2388715
21	组内	16.076	16	1.0048			
22							
23	总计	30.446	19				

图 5-6 方差分析结果

结果 $F=4.767$，$P=0.0147<\alpha$，4 种方法测定食品中汞含量差异显著。

2. R 语言法

将例子中的 Excel 数据存为 Hg.csv，不要表头"4 种不同方法测定汞含量(μg/kg)"。

```
a<- read. csv("Hg. csv",head = F)    # 载入数据
rownames(a)<- a[,1]                  # 第一列设为每个样品名字
b<- t(a[, -1])                       # unlist 是按列展开,本例的种类是按行,因此先转置
b<- unlist(as. list(b))              # 先把数据框转为列表,否则展开不了
c<- factor(rep(b,each = 5))          # 按照因子归类不同方法的数据
Hg<- data. frame(b,c)                # 将汞含量数据和因子数据合并成一个数据框
by(Hg $ a,Hg $ c,shapiro. test)      # 对各组样本进行正态性检验
bartlett. test(a~c,data = Hg)        # 针对正态分布的数据进行方差齐性检验
aov<- aov(Hg $ b~Hg $ c,data = sea)  # 方差分析 summary(aov)
```

或者采用直接将数据录入,赋值给变量 a。

```
a<- c(22. 6,21. 8,21. 0,21. 9,21. 5,19. 1,21. 8,20. 1,21. 2,21. 0,18. 9,20. 4,19. 0,20. 1,
18. 6,19. 0,21. 4,18. 8,21. 9,20. 2)
b<- c("A","B","C","D")
c<- factor(rep(b,each = 5))          # 按照因子归类不同品牌的数据
Hg<- data. frame(a,c)                # 将汞含量数据和因子数据合并成一个数据框
by(Hg $ a,Hg $ c,shapiro. test)      # 对各组样本进行正态性检验
bartlett. test(a~c,data = Hg)        # 针对正态分布的数据进行方差齐性检验
aov<- aov(Hg $ a~Hg $ c,data = Hg)   # 方差分析
summary(aov)
```

正态性检验和方差齐性检验的结果略。

方差分析的结果如下。

	Df	Sum	Sq	Mean Sq	F value Pr($>$F)
Hg $ c	3	14. 37	4. 790	4. 767	0. 0147 *
Residuals	16	16. 08	1. 005		

Signif. codes：0' *** '0. 001' ** '0. 01' * '0. 05'. '0. 1' ' 1

结果 $F = 4.767$, $P = 0.0147 < \alpha = 0.05$,4 种方法测定汞含量差异显著。

例 5　对 4 种食品(A、B、C、D)某一质量指标进行感官试验检查,满分为 20 分,评分结果见表 5-6,试比较其差异性?

表 5-6　4 种食品感官指标检查评分结果

食品	评分										
A	14	15	11	13	11	15	11	13	16	12	14	13
B	17	14	15	17	14	17	15	16	12	17		
C	13	15	13	12	13	10	16	15	11			
D	15	13	14	15	14	12	17					

要点:本例中,对 4 种食品中某一质量指标进行感官试验检测,应属于完全随机设计,应用单因素方差分析方法来回答这 4 种食品感官试验结果有无显著性差异,进一步进行两两比较。

H_0:四种食品质量指标的感官评分相同,即 $\mu_A = \mu_B = \mu_C = \mu_D$。

H_1:四种食品质量指标的感官评分不相同,即至少有两组样本所在总体均值不相同。

$\alpha = 0.05$。

1. Excel 法

(1)将数据录入到 Excel 中。

(2)单击数据菜单,单击数据分析工具。

(3)选择"方差分析:单因素方差分析",单击"确定"按钮。

(4)输入区域:选择数据区域的所有数据,包括组名。

(5)选择分组方式,本例为以行分组,故选择"行"。

(6)勾选标志位于第一列,$\alpha = 0.05$。

(7)输出选项,选择输出区域,单击任意一个空白处。

(8)"确定",即为方差分析结果,如图 5-7 所示。

	A	B	C	D	E	F	G	H	I	J	K	L	M
1	食品						评分						
2	A	14	15	11	13	11	15	11	13	16	12	14	13
3	B	17	14	15	17	14	17	15	16	12	17		
4	C	13	15	13	12	13	10	16	15	11			
5	D	15	13	14	15	14	12	17					
6	问4种食品感官指标检查评分结果												
7	方差分析:单因素方差分析												
8													
9	SUMMARY												
10	组	观测数	求和	平均	方差								
11	A	12	158	13.167	2.8788								
12	B	10	154	15.4	2.9333								
13	C	9	118	13.111	3.8611								
14	D	7	100	14.286	2.5714								
15													
16													
17	方差分析												
18	差异源	SS	df	MS	F	P-value	F crit						
19	组间	35.511	3	11.837	3.8555	0.0178	2.8826						
20	组内	104.38	34	3.0701									
21													
22	总计	139.89	37										

图 5-7　方差分析结果

结果 $F = 3.8555$,$P = 0.0178 < \alpha$,4 种食品感官指标检查评分结果差异显著,可以认为 4 种食品感官指标检查评分结果不相同或者有差异。

2. R 语言法

```
# 数据录入
value<-c(14,15,11,13,11,15,11,13,16,12,14,13,        # A 食品评分
        17,14,15,17,14,17,15,16,12,17,              # B 食品评分
        13,15,13,12,13,10,16,15,11,                 # C 食品评分
        15,13,14,15,14,12,17)                        # D 食品评分
```

```
factors< - factor(c(rep("A",12),rep("B",10),rep("C",9),rep("D",7)))
# A 为 12 个样品,其他分别为 10 个、9 个、7 个
sensory_evaluation< - data.frame(value,factors)
by(sensory_evaluation $ value,sensory_evaluation $ factors,shapiro.test)    # 对
各组样本进行正态性检验
bartlett.test(value~factors,data = sensory_evaluation)# 方差齐性检验
aov< - aov(value~factors,data = sensory_evaluation)# 方差分析
summary(aov)
```

正态性检验结果:

sensory_evaluation $ factors:A

Shapiro-Wilk normality test

W=0.92623,p-value=0.3419

----

sensory_evaluation $ factors:B

Shapiro-Wilk normality test

W=0.86699,p-value=0.0922

----

sensory_evaluation $ factors:C

Shapiro-Wilk normality test

W=0.9523,p-value=0.7153

----

sensory_evaluation $ factors:D

Shapiro-Wilk normality test

W=0.96707,p-value=0.8766

方差齐性检验结果:

Bartlett test of homogeneity of variances

data: value by factors

Bartlett's K-squared=0.3306,df=3,p-value=0.9542>0.05,说明方差齐。

方差分析结果:

	Df	Sum Sq	Mean Sq	F value	Pr($>$F)
factors	3	35.51	11.84	3.856	0.017 8 *
Residuals	34	104.38	3.07		

Signif. codes: 0' *** '0.001' ** '0.01' * '0.05'. '0.1' '1

$F=3.856, P=0.017 8 < \alpha$,说明 4 种食品感官指标检查评分结果差异显著,可以认为 4 种食品感官指标检查评分结果不相同或者有差异。

本例题需进行两两比较,采用 SNK 法。

H_0:所比较两组食品感官指标检查评分相同。

H_1:所比较两组食品感官指标检查评分不相同。

$\alpha = 0.05$。

两两比较结果:

```
library(agricolae)          # 如果 agricolae 包已经安装,可直接调用
comparison<- SNK.test(aov,"factor")
comparison
```

组间比较结果如下:

$ groups

	value	groups
B	15.400 00	a
D	14.285 71	ab
A	13.166 67	b
C	13.111 11	b

group 结果表明食品 B 和食品 A、食品 C 均存在不同。

(二)随机区组设计的两因素方差分析

例 1 某乳制品厂有 3 名化验员进行牛乳酸度(°T)检验。为考察这 3 名化验员的化验结果是否一致,同时考察牛乳酸度是否稳定,让这 3 名化验员同时随机连续每天一次检测同样样品的牛乳酸度,连续进行 10 天,结果如下。问这 3 名化验员的检测结果是否一致? 该厂制品的牛乳酸度是否稳定?(新鲜乳的酸度不得超过 20 °T)

表 5-7　3 名化验员检测某乳制品厂生产的牛乳酸度　　　　　　　　　　　　　　°T

	牛乳酸度									
	B1	B2	B3	B4	B5	B6	B7	B8	B9	B10
A1	11.71	10.81	12.39	12.56	10.64	13.26	13.34	12.67	11.27	12.68
A2	11.78	10.70	12.50	12.35	10.32	12.93	13.81	12.48	11.60	12.65
A3	11.61	10.75	12.40	12.41	10.72	13.10	13.58	12.88	11.46	12.94

该研究为随机区组设计,作双因素方差分析。

对 3 名化验员的检车结果进行假设检验。

H_0:3 种化验员检验结果相同,即 $\mu_{A1} = \mu_{A2} = \mu_{A3}$。

H_1:3 种化验员检验结果不相同,即至少有两组样本所在总体均值不相同。

$\alpha = 0.05$。

对不同检测时间牛奶的酸度进行假设检验。

H_0:不同检测时间的牛奶酸度相同,即 $\mu_{B1} = \mu_{B2} = \mu_{B3} = \mu_{B4} = \mu_{B5} = \mu_{B6} = \mu_{B7} = \mu_{B8} = \mu_{B9} = \mu_{B10}$。

H_1:不同检测时间的牛奶酸度不相同,即至少有两组样本所在总体均值不相同。

$\alpha = 0.05$。

1. Excel 法

(1)将数据复制到 Excel 里。

(2)单击数据菜单,单击数据分析工具。

(3)选择方差分析:无重复双因素分析。

(4)输入区域,选择要分析的数据,包括化验员 A 列和检测时间 B 行。

(5)标志选择,表明化验员的行和检测时间的列。

(6)α(A),填 0.05,即检验水平。

(7)输出区域,选择单击空白单元格。

(8)确定,即得到方差分析结果,如图 5-8 所示。

	A	B	C	D	E	F	G	H	I	J	K
				3名化验员检测某乳制品厂生产的牛乳酸度(OT)						
化验员						检测时间				
	B1	B2	B3	B4	B5	B6	B7	B8	B9	B10	
A1	11.71	10.81	12.39	12.56	10.64	13.26	13.34	12.67	11.27	12.68	
A2	11.78	10.70	12.50	12.35	10.32	12.93	13.81	12.48	11.60	12.65	
A3	11.61	10.75	12.40	12.41	10.72	13.10	13.58	12.88	11.46	12.94	

问这3名化验员的检测结果是否一致? 该厂制品的牛酸乳是否稳定

方差分析: 无重复双因素分析

SUMMARY	观测数	求和	平均	方差
A1	10	121.33	12.133	0.940668
A2	10	121.12	12.112	1.08464
A3	10	121.85	12.185	0.999428
B1	3	35.1	11.7	0.0073
B2	3	32.26	10.75333	0.003033
B3	3	37.29	12.43	0.0037
B4	3	37.32	12.44	0.0117
B5	3	31.68	10.56	0.0448
B6	3	39.29	13.09667	0.027233
B7	3	40.73	13.57667	0.055233
B8	3	38.03	12.67667	0.040033
B9	3	34.33	11.44333	0.027433
B10	3	38.27	12.75667	0.025433

方差分析

差异源	SS	df	MS	F	P-value	F crit
行	0.028247	2	0.014123	0.548416	0.58722	3.554557
列	26.75907	9	2.97323	115.4519	4.62E-14	2.456281
误差	0.463553	18	0.025753			
总计	27.25087	29				

图 5-8　方差分析结果

关于化验员的分析结果为:$F=0.548,P=0.587>\alpha$,表明这 3 名化验员的检测结果之间差异不显著,可以认为他们的检测结果是相同的。

关于检验时间的分析结果为:$F=115.452,P=4.62e-14<\alpha$,且 $P<0.01$,表明这 10 天的牛乳酸度检测结果差异极显著,牛乳酸度不稳定。

2. R 语言法

```
milk< - data. frame(value = c(11. 71,10. 81,12. 39,12. 56,10. 64,13. 26,13. 34,12. 67,
    11. 27,12. 68,11. 78,10. 7,12. 5,12. 35,10. 32,12. 93,13. 81,12. 48,11. 6,12. 65,
    11. 61,10. 75,12. 4,12. 41,10. 72,13. 1,13. 58,12. 88,11. 46,12. 94),analyst
    = gl(3,10),time = gl(10,1,30))
```

```
check. aov< - aov(value~analyst + time,data = milk)          # 方差分析
summary(check. aov)
```

得到结果如下所示。

	Df	Sum Sq	Mean Sq	F value	Pr(>F)
analyst	2	0.028	0.014 1	0.548	0.587
time	9	26.759	2.973 2	115.452	4.62e−14 ***
Residuals	18	0.464	0.025 8		

Signif. codes: 0'***'0.001'**'0.01'*'0.05'.'0.1''1

关于化验员的分析结果为:$F=0.548, P=0.587>\alpha$,表明这 3 名化验员的检测结果之间差异不显著,可以认为他们的检测结果是相同的。

关于检测时间的分析结果为:$F=115.452, P=4.62e−14<\alpha$,且 $P<0.01$,表明这 10 天的牛乳酸度检测结果差异极显著,牛乳酸度不稳定。

例 2 随机选取 5 个品牌牛乳样品,同时让甲、乙、丙和丁 4 名同学测定其含氮量(mg),结果见表 5-8。试问这 5 个品牌的牛乳含氮量是否相同? 这 4 名同学的测定结果是否有差异?

表 5-8 5 个品牌的牛乳含氮量   mg

牛乳品牌	4 名同学的测定结果			
	甲	乙	丙	丁
A	2.4	2.6	2.1	2.4
B	2.5	2.2	2.7	2.7
C	3.2	3.2	3.5	3.1
D	3.4	3.5	3.8	3.2
E	2	1.8	1.8	2.3

该研究为随机区组设计,作两因素方差分析。

对 5 种不同品牌的牛乳含氮量进行假设检验。

H_0:5 种牛乳中含氮量相同,即 $\mu_A=\mu_B=\mu_C=\mu_D=\mu_E$。

H_1:5 种牛乳中含氮量不相同,即至少有两组样本所在总体均值不相同。

$\alpha=0.05$。

对 4 名同学的测定结果进行假设检验。

H_0:4 名同学检测牛乳中的含氮量相同,即 $\mu_甲=\mu_乙=\mu_丙=\mu_丁$。

H_1:4 名同学检测牛乳中的含氮量不相同,即至少有两组样本所在总体均值不相同。

$\alpha=0.05$。

1. Excel 法

(1)将数据复制到 Excel 中。

(2)单击数据菜单,单击数据分析工具。

(3)选择"方差分析:无重复双因素分析",单击"确定"按钮。

(4)输入区域:选择数据区域的所有数据,包括组名。

（5）勾选标志位于第一列，$\alpha=0.05$。

（6）输出选项，选择输出区域，单击任意一个空白处。

（7）"确定"，即为方差分析结果，如图 5-9 所示。

A	B	C	D	E	F	G
	甲	乙	丙	丁		
A	2.4	2.6	2.1	2.4		
B	2.5	2.2	2.7	2.7		
C	3.2	3.2	3.5	3.1		
D	3.4	3.5	3.8	3.2		
E	2.0	1.8	1.8	2.3		

方差分析：无重复双因素分析

SUMMARY	观测数	求和	平均	方差
A	4	9.5	2.375	0.0425
B	4	10.1	2.525	0.055833
C	4	13	3.25	0.03
D	4	13.9	3.475	0.0625
E	4	7.9	1.975	0.055833
甲	5	13.5	2.7	0.34
乙	5	13.3	2.66	0.488
丙	5	13.9	2.78	0.747
丁	5	13.7	2.74	0.163

方差分析

差异源	SS	df	MS	F	P-value	F crit
行	6.252	4	1.563	26.79429	6.67E-06	3.259167
列	0.04	3	0.013333	0.228571	0.874715	3.490295
误差	0.7	12	0.058333			

图 5-9　方差分析结果

关于牛乳品牌的分析结果为：$F=26.794$，$P=6.67e-6<\alpha$，表明 5 个品牌的牛乳含氮量差异显著，可以认为牛乳氮含量结果是不相同的。

关于检测人员的分析结果为：$F=0.229$，$P=0.875>\alpha$，表明不同的检测人员的检测结果差异不显著，可以认为 4 名同学的测定结果没有不相同。

2. R 语言法

```
# 录入数据
milk<- data. frame(value = c(2.4,2.6,2.1,2.4,2.5,2.2,2.7,2.7,3.2,3.2,3.5,3.1,
3.4,3.5,3.8,3.2,2.0,1.8,1.8,2.3),var = rep(c("A","B","C","D","E"),each = 4),an-
alyst = rep(c("甲","乙","丙","丁"),5))
check. aov<- aov(value~analyst + var,data = milk)    # 方差分析
summary(check. aov)
```

方差分析结果如下。

	Df	Sum Sq	Mean Sq	F value	Pr(>F)
analyst	3	0.040	0.013 3	0.229	0.875
var	4	6.252	1.563 0	26.794	6.67e-06 * * *
Residuals	12	0.700	0.058 3		

Signif. codes： 0 '***' 0.001 '**' 0.01 '*' 0.05 '.' 0.1 ' ' 1

关于牛乳品牌的分析结果为：$F = 26.794$，$P = 6.67\text{e-}06 < \alpha$，且 $P < 0.01$，差异极显著，不同品种的牛乳含氮量不同。

关于检测人员的分析结果为：$F = 0.229$，$P = 0.875 > \alpha$，差异不显著，同学之间测量值没有不相同。

品牌间有差异，因此只做品牌间的两两比较。

```
library(agricolae)
comparison< - SNK. test(check. aov,"var")
comparison
```

两两比较结果如下所示。

$ groups

	value	groups
D	3.475	a
C	3.250	a
B	2.525	b
A	2.375	b
E	1.975	c

结果表明品牌 A 和 B 无差异，C 和 D 无差异，其余两两之间均存在差异。

第六章

计数资料的统计分析

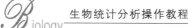

　　计数资料又称定性资料,是指先将观察对象按性质或类别分组,然后清点各组观察单位个数所得的资料,如人群中男性和女性的人数。计数资料的描述通常采用率这一指标,即某一现象发生的频率或强度;有时候也会采用构成比这一指标,即事物或现象内部各组成部分的比重或分布。计数资料的统计分析,包括了率的参数估计和假设检验。参数估计包括点估计和区间估计,分别是对样本所在总体率的估计和总体率置信区间的估计。而计数资料假设检验通常是样本所在总体的率比较,除了可以直接查表,还可以采用 Z 检验或卡方检验(χ^2 检验)。

一、知识点

(一)计数资料和计量资料的特点

　　计数资料是指先将观察单位按其性质或类别分组,然后清点各组观察单位个数所得的资料。计数资料只研究每组观察单位中具有某种特性样本的数量多少,而不具体考虑某指标的数量特征,属非连续性资料,无单位。计量资料指研究对象某指标的数量值,如某人群个体的身高、体重、血压等,有单位,通常是连续性的数据。

(二)计数资料率的区间估计

　　当 $n \leqslant 50$,可采用查表法,获得总体率的 95% 和 99% 置信区间。当 n 足够大,p 和 $1-p$ 均不太小时(一般要求 np 与 $n(1-p)$ 均大于 5),样本率的抽样分布近似服从正态分布,这时可利用正态分布理论来估计总体率的置信区间。总体率的($1-\alpha$)置信区间按下式计算。

$$(p - Z_{1-\alpha/2}S_p, p + Z_{1-\alpha/2}S_p)$$

其中 $S_p = \sqrt{\dfrac{p(1-p)}{n}}$。

(三)计数资料率的检验

1. 样本率与总体率比较

　　阳性数或阴性数比较小时($n < 5$),可直接用排列组合方法和二项分布方法计算概率 P,进而完成检验。当 n 足够大,np 和 $n(1-p)$ 均 $\geqslant 5$ 时,满足近似正态分布条件时,可用 Z 检验,其中,$Z = \dfrac{p - \pi_0}{\sigma_{\pi_0}}$。

2. 两样本率的比较

　　当 n_1 和 n_2 足够大(均 >50),np 和 $n(1-p)$ 均 $\geqslant 5$ 时,近似正态分布时,仍可用 Z 检验。其中,$Z = \dfrac{|p_1 - p_2|}{S_{(p_1-p_2)}}$,$S_{(p_1-p_2)} = \sqrt{p_c q_c \left(\dfrac{1}{n_1} - \dfrac{1}{n_2} \right)}$,$p_c = \dfrac{n_1 p_1 + n_2 p_2}{n_1 + n_2}$,$q_c = 1 - p_c$。不满足上述条件时,可以采用卡方检验或精确概率法进行组间率的比较。

3. 成组设计四格表资料的检验

　　成组设计的四格表资料可以采用卡方检验。卡方检验就是统计样本的实际观测值与理论推断值之间的偏离程度,卡方值越大,二者偏差程度越大;反之,二者偏差越小。χ^2 检验的基本公式为：$\chi^2 = \sum \dfrac{(A-T)^2}{T}$（其中 A 为观察值，T 为理论值或期望值）。

χ^2 值反映了观察值与期望值吻合的程度（或者差异的程度）。

以四格表（表 6-1）为例。

表 6-1　四格表

组别	1	2	合计
1	a	b	$a+b$
2	c	d	$c+d$
合计	$a+c$	$b+d$	$a+b+c+d$

$$\chi^2 = \sum \frac{(A-T)^2}{T} = \frac{(ad-bc)^2 n}{(a+b)(c+d)(a+c)(b+d)}$$

$v =$（行数-1）（列数-1）。

(四)卡方检验类型

1. 四格表卡方检验

行和列均为 2，当 $n>40$，且 $T>5$ 时，$\chi^2 = \sum \dfrac{(A-T)^2}{T} = \dfrac{(ad-bc)^2 n}{(a+b)(c+d)(a+c)(b+d)}$。

当 $n>40$，且 $5>T>1$ 时，需要校正，$\chi^2_{校正} = \sum \dfrac{(|A-T|-0.5)^2}{T}$

$$= \frac{\left(|ad-bc| - \dfrac{n}{2}\right)^2 n}{(a+b)(c+d)(a+c)(b+d)}。$$

当 $n<40$ 或 $T<1$ 时，不能用 χ^2 检验，需要用 fisher 精确概率法。

2. 配对卡方检验

计数资料的配对设计同计量资料一样，可以将条件相似的两种受试对象配成一对，随机地让其中一个接受 A 法处理，另一个接受 B 法处理；也可以把两种处理分别施用于同一受试对象或观察同一受试对象处理前后的变化。每种处理的结果按二项分类（阴性或阳性）整理成表格的形式，这种设计类型的资料称为配对四格资料（表 6-2）。

表 6-2　配对四格表

A 法	B法		合计
	$+$	$-$	
$+$	a	b	$a+b$
$-$	c	d	$c+d$
合计	$a+c$	$b+d$	$a+b+c+d$

(1)关联性检验（独立性检验）　同普通四格表的卡方检验。

$$\chi^2 = \sum \frac{(A-T)^2}{T} = \frac{(ad-bc)^2 n}{(a+b)(c+d)(a+c)(b+d)}$$

（2）差异性检验

当 $b+c>40$ 时，$\chi^2 = \dfrac{(b-c)^2}{b+c}$，$v=1$。

当 $b+c\leqslant40$ 时，需要连续性校正，$\chi^2_{校正} = \dfrac{(|b-c|-1)^2}{b+c}$，$v=1$。

3. $R \times C$ 表卡方检验

当分类资料整理成多于 2 行（$R>2$）或 2 列（$C>2$）的列联表，习惯上称为 $R \times C$ 表，其检验称为多组资料的卡方检验。$\chi^2 = n\left(\sum \dfrac{A^2}{n_r n_c} - 1\right)$，其中 n_r 和 n_c 分别为该行的合计数和该列的合计数。其适用条件为：①总样本量不能太小，至少大于 50；②理论数不能小于 1；③理论数为 1～5 的且不能多于 1/5 的总格子数。

4. 频数分布拟合优度检验

用于检验样本的实际分布是否符合某一种理论分布，如果符合就可按照该理论分布的统计方法计算理论值，然后采用 $\chi^2 = \sum \dfrac{(A-T)^2}{T}$ 进行统计量计算和假设检验。通常采用卡方检验判定样本是否符合正态分布、二项分布、Poisson 分布等。

（五）卡方检验的数据结构

Excel 可直接录入四格表信息，如表 6-3 所示。

表 6-3　不同性别人群对有机食品的态度

性别	更喜欢有机食物	更喜欢非有机食物	调查人数
男	10(a)	20(b)	30($a+b$)
女	40(c)	30(d)	70($c+d$)
合计	50($a+c$)	50($b+d$)	100($a+b+c+d$)

在 R 语言中需要录入四格表信息，并形成两行两列的数据框，举例如下：

```
gender< - data. frame(like = c(10,40),no = c(20,30))
```

结果为：

```
      like      no
1     10        20
2     40        30
```

二、操作要点

（一）率的区间估计

当样品量较小时，可直接查相应的统计表而得到某阳性数时的可信区间。当样本量不太小,总体率既不太小,也不太大,接近 0.5 时,样本率近似正态分布。此时总体率的可信区间为 $p \pm Z_{1-\alpha/2} * S_p$,此时 $S_p = \sqrt{\dfrac{p(1-p)}{n}}$。

涉及 $Z_{1-\alpha/2}$ 的计算需要查表、借助 Excel 或 R 语言。

Excel 法:$Z = \text{NORMSINV}(1-\alpha/2)$。

R 语言法:$Z = \text{qnorm}(\alpha/2, \text{lower. tail} = \text{FALSE}, \text{log. p} = \text{FALSE})$。

(二)率的检验

1. 单样本率的比较

阳性数比较小($n < 5$)时,可直接计算概率 P,进而完成检验。比如样本量为 n,阳性数为 3,事件发生率为 1%,则阳性数至少为 3 的概率计算为 $P = P_{(x \geqslant 3)} = 1 - [P_{(x=0)} + P_{(x=1)} + P_{(x=2)}]$,然后比较 P 值和 α 值的大小。如果 $P > \alpha$,这说明样本中出现超过 3 例的概率是大概率事件;如果 $P < \alpha$,这说明样本中出现超过 3 例的概率是小概率事件。

阳性数和阴性数都比较多(> 5)时,p 满足近似正态条件时,可用 Z 检验,其中,$\sigma_{\pi_0} = \sqrt{\dfrac{\pi_0 \cdot (1-\pi_0)}{n}}$,$Z = \dfrac{|p - \pi_0|}{\sigma_{\pi_0}}$,均可用 Excel 法或 R 语言法由 Z 值直接计算并得出 P 值。

2. 两样本率的比较

当 n 足够大,np 和 $n(1-p)$ 均不小于 5,呈近似正态分布时,仍可用 Z 检验。其中,$p_1 = \dfrac{x_1}{n_1}$,$p_2 = \dfrac{x_2}{n_2}$,$Z = \dfrac{|p_1 - p_2|}{S_{p_c}}$,$p_c = \dfrac{x_1 + x_2}{n_1 + n_2}$,$S_{p_c} = \sqrt{p_c \cdot q_c \left(\dfrac{1}{n_1} + \dfrac{1}{n_2}\right)}$,$q_c = 1 - p_c$,均可用 Excel 法或 R 语言法由 Z 值直接计算并得出 P 值。

(三)不同卡方检验的参数选择

1. Excel 法

需依据实际情况,计算 χ^2($n \geqslant 40$,且所有 $T \geqslant 5$)和 $\chi^2_{校正}$($n \geqslant 40$,且有 $1 < T < 5$ 时),然后使用 CHIDIST(卡方值,自由度)函数,通过卡方值计算 P 值。

2. R 语言法

普通卡方检验采用 chisq. test() 函数,不需要矫正时($n \geqslant 40$,且所有 $T \geqslant 5$),参数 correct = FALSE;需要矫正时($n \geqslant 40$,且有 $1 < T < 5$ 时),参数 correct = TRUE。

如果是配对设计的四格表资料采用 mcnemar. test() 函数,不需要矫正时($b + c > 40$),参数 correct = FALSE,需要矫正时($b + c \leqslant 40$),参数 correct = TRUE。

三、操作案例

(一)率的区间估计

例 从一批食品中随机抽出 100 个来检验是否合格,发现有 94 个为合格品,试做该批食

品合格率 p 的 95％置信度下的区间估计。

当样本量不太小,总体率既不太小,也不太大(阳性例数和阴性例数均大于 5),样本率近似正态分布时,总体率的可信区间为 $p \pm z_{1-a/2} * S_p$。本例样本量为 100,阳性数与阴性数均大于 5。

样本率 $p = 94/100 = 0.94 = 94\%$。样本标准差：$S_p = \sqrt{\dfrac{p(1-p)}{n}} = \sqrt{\dfrac{0.94(1-0.94)}{100}} = 0.023\ 748\ 684$

求 Z 值,此时是 $\alpha = 1 - 95\% = 0.05$ 的双侧分布。

Excel 法：$Z = \mathrm{NORMSINV}(1 - 0.05/2) = 1.96$。

R 语言法：$Z = \mathrm{qnorm}(0.05/2, \mathrm{lower.\,tail} = \mathrm{FALSE}, \mathrm{log.\,p} = \mathrm{FALSE}) = 1.96$。

总体率的可信区间为：$0.94 \pm 1.96 * 0.023\ 748\ 684 = (0.893, 0.986) = (89.3\%, 98.6\%)$。

(二)单样本率的比较

例 1 某微生物制品的企业标准是有害微生物感染不得超过 $1\%(\pi_0)$。现从一批产品中随机抽出 100 件(n),发现有害微生物感染的产品有 3 件(x)。试问这批产品是否合格?

H_0：该批产品未达到企业规定的合格率,即该批样品有害微生物感染率不超过 1%。

H_1：该批产品达到企业规定的合格率,即该批产品有害微生物感染率超过 1%。

$\alpha = 0.05$。

要确定这批产品中有害微生物感染是否超标,因此需要进行单侧检验。$n = 100, X = 3 < 5$,不满足近似正态分布的条件,不能用正态分布来近似而用直接计算。

$P = 1 - P_{(x \leqslant 3)} = 1 - [P_{(x=0)} + P_{(x=1)} + P_{(x=2)}]$

$= 1 - [(1-0.01)^{100} + C_{100}^1 * 0.01 * (1-0.01)^{99} + C_{100}^2 * 0.01^2 * (1-0.01)^{98}]$

$= 0.079\ 373 > 0.05$

Excel 法：$P = 1 - ((1-0.01)\hat{\ }100 + \mathrm{COMBIN}(100,1) * 0.01 * (1-0.01)\hat{\ }99 + \mathrm{COMBIN}(100,2) * 0.01\hat{\ }2 * (1-0.01)\hat{\ }98) = 0.079\ 373$。

R 语言法：$P = 1 - ((1-0.01)\hat{\ }100 + \mathrm{choose}(100,1) * 0.01 * (1-0.01)\hat{\ }99 + \mathrm{choose}(100,2) * 0.01\hat{\ }2 * (1-0.01)\hat{\ }98) = 0.079\ 373\ 2$。

$P = 0.079\ 373\ 2 > \alpha = 0.05$,差别不显著,尚不能认为这批产品不合格。

例 2 已知某药的治愈率为 60%。现欲研究在用此药的同时加服维生素 C 是否有增效作用,某医生随机抽取 10 名病人试用此药加服维生素 C,结果 8 人治愈。试问维生素 C 是否有增效作用?

这里是服从二项分布的情形,观察数又比较小,可以直接计算概率来处理。

H_0：维生素 C 无增效作用。

H_1：维生素 C 有增效作用。

$\alpha = 0.05$。

如果维生素 C 无增效作用,也就是说加服维生素 C 后,其治愈率仍然是 60%,那么这时治疗 10 名病人至少 8 人治愈的可能性(即假设检验)为：

$P = P(X \geqslant 8) = P(8) + P(9) + P(10) = C_{10}^8 0.6^8 * 0.4^2 + C_{10}^9 0.6^9 * 0.4^1 + 0.6^{10} = 0.167\ 3$。

Excel 法:$P = \text{COMBIN}(10,8) * 0.6^8 * (1-0.6)^2 + \text{COMBIN}(10,9) * 0.6^9 * (1-0.6) + 0.6^{10} = 0.167\ 29$。

R 语言法:$P = \text{choose}(10,8) * 0.6^8 * (1-0.6)^2 + \text{choose}(10,9) * 0.6^9 * (1-0.6) + 0.6^{10} = 0.167\ 289\ 8$。

$P = 0.167\ 289\ 8 > \alpha$,差异不显著,维生素 C 无增效作用。

例 3　从一批食品中随机抽出 100 个来检验是否合格,发现有 94 个为合格品。问该批食品是否达到企业规定的合格率必须大于 95% 的标准?

H_0:该批食品未达到企业规定的合格率,即该批食品的合格率不超过 95%。

H_1:该批食品达到企业规定的合格率,即该批样品的合格率超过 95%。

$\alpha = 0.05$。

这批产品合格率是否符合企业规定,需要进行单侧检验。$n = 100$,阳性样本和阴性样本分别为 94 和 6,阳性数和阴性数都大于 5,满足近似正态条件。

$\alpha = 0.05$,计算 Z 值,$\pi_0 = 95\% = 0.95$,$p = \dfrac{x}{n} = \dfrac{94}{100} = 0.94 = 94\%$,$\sigma_{\pi_0} = \sqrt{\dfrac{\pi_0(1-\pi_0)}{n}} = $

$\sqrt{\dfrac{0.95(1-0.95)}{100}} = 0.021\ 794\ 5$,$Z = \dfrac{|p - \pi_0|}{\sigma_{\pi_0}} = \dfrac{|0.94 - 0.95|}{0.021\ 794\ 5} = 0.459$。

计算 P 值,问发生率是否高于一般,计算单侧右尾 P 值。

Excel 法:$P = 1 - \text{NORMSDIST}(0.459) = 0.323\ 117\ 083$。

R 语言法:$P = \text{pnorm}(0.459, \text{lower. tail} = \text{FALSE}, \text{log. p} = \text{FALSE}) = 0.323\ 117\ 1$。

$P = 0.323\ 117\ 1 > \alpha$,差别不显著,可以认为概率食品合格率不超过 95% 的标准,可见该批食品不符合企业规定的合格率。

(三)双样本率的比较

例 1　一个食品厂从第一条生产线上抽出 250 个产品来检查,为一级品的有 195 个;从第二条生产线上抽出 200 个产品,有一级品 150 个。问两条生产线上的一级品率是否相同?

这两条生产线一级品率是否相同,需要做双侧检验。本例是要比较两样本的率/比例,由于两样本的例数都比较大,而且阳性数和阴性数都大于 5,满足近似正态的条件,可按正态分布法来近似。

H_0:两条生产线阳性率相同,即 $\pi_1 = \pi_2$。

H_1:两条生产线阳性率不相同,即 $\pi_1 \neq \pi_2$。

$\alpha = 0.05$,计算 Z 值。此时 $n_1 = 250$,$x_1 = 195$,$p_1 = \dfrac{x_1}{n_1} = \dfrac{195}{250} = 0.78$,$n_2 = 200$,$x_2 = 150$,

$p_2 = \dfrac{x_2}{n_2} = \dfrac{150}{200} = 0.75$,$p_c = \dfrac{x_1 + x_2}{n_1 + n_2} = \dfrac{195 + 150}{250 + 200} = 0.767$,$S_{p_c} = \sqrt{p_c * q_c \left(\dfrac{1}{n_1} + \dfrac{1}{n_2}\right)} = $

$\sqrt{0.767 * (1 - 0.767) * \left(\dfrac{1}{250} + \dfrac{1}{200}\right)} = 0.040\ 104\ 85$。

$$Z = \dfrac{|p_1 - p_2|}{S_{p_c}} = \dfrac{|0.78 - 0.75|}{0.040\ 104\ 8\ 5} = 0.748。$$

计算 P 值,问两条生产线上的一级品率是否相同,计算双侧 P 值。

Excel 法:$P=2*(1-\mathrm{NORMSDIST}(0.748))=0.454\,460\,158$。

R 语言法:$P=2*\mathrm{pnorm}(0.748,\mathrm{lower.\,tail=FALSE,log.\,p=FALSE})=0.454\,460\,2$。

$P=0.454\,460\,2>\alpha$,差别不显著,可以认为两条食品生产线产品合格率是相同的。

例 2 某实验室进行小包装贮藏葡萄试验,一个月后发现,装入塑料袋不加保鲜片的葡萄 385 粒(n_1)腐烂了 25 粒(x_1);装入塑料袋并加保鲜片的葡萄 598 粒(n_2)腐烂了 20 粒(x_2)。试问加保鲜片是否有利于葡萄的贮藏?

本例是要比较两样本的率/比例,由于两样本的例数都比较大,而且阳性数和阴性数都大于 5,满足近似正态的条件,可按正态分布法来近似。

H_0:加保鲜片不利于葡萄的贮藏,即 $\pi_1 \leqslant \pi_2$。

H_1:加保鲜片有利于葡萄的贮藏,即 $\pi_1 > \pi_2$。

$\alpha=0.05$,计算 Z 值:

$$n_1=385, x_1=25, p_1=\frac{x_1}{n_1}=\frac{25}{385}=0.064\,9, n_2=385, x_2=25, p_1=\frac{x_2}{n_2}=\frac{20}{598}=0.033\,4, p_c=$$

$$\frac{n_1 p_1+n_2 p_2}{n_1+n_2}=0.045\,8, S_{(p_1-p_2)}=\sqrt{p_c q_c\left(\frac{1}{n_1}+\frac{1}{n_2}\right)}=\sqrt{0.045\,8\times(1-0.045\,8)\left(\frac{1}{385}+\frac{1}{598}\right)}=$$

$0.013\,7$。

$$Z=\frac{|p_1-p_2|}{S_{(p_1-p_2)}}=\frac{|0.046\,9-0.033\,4|}{0.013\,7}=2.299$$

计算 P 值,问保鲜片是否有利于葡萄的贮藏,即 $\pi_1 > \pi_2$,计算单侧右尾概率。

Excel 法:$P=1-\mathrm{NORMSDIST}(2.299)=0.010\,752$。

R 语言法:$P=\mathrm{pnorm}(2.299,\mathrm{lower.\,tail=FALSE,log.\,p=FALSE})=0.010\,752\,47$。

$P=0.010\,752\,47<\alpha$,差别显著,可以认为加保鲜片有利于葡萄贮藏。

(四)成组资料的卡方检验

例 1 某调查公司受一有机食品生产企业委托,调查市民对某种有机和非有机食品的态度,结果见表 6-4。问性别与对有机食品的态度是否有关?

表 6-4 不同性别人群对有机食品的态度

	更喜欢有机食品	更喜欢非有机食品
男	10	40
女	20	30

总样本数 $n=100>40$,最小理论数 $=(30*50)/100=15>5$,所以可作卡方检验,且不需要校正。$\alpha=0.05$。

H_0:性别与对转基因食品的态度无关,$\pi_1=\pi_2$。

H_1:性别与对转基因食品的态度有关,$\pi_1 \neq \pi_2$。

1. Excel 法

(1)将数据复制到 Excel 里。

(2)计算期望的理论值,建立新的表格。

男(喜欢有机食物)=(10+40)*(10+20)/100=15

男(喜欢非有机食物)=(10+40)*(40+30)/100=35

女(喜欢有机食物)=(20+10)*(20+30)/100=15

女(喜欢非有机食物)=(30+40)*(30+20)/100=35

(3)任意单击空白单位格。

(4)单击公式菜单,选择插入函数,选择统计工具 CHISQ. TEST 在 Actual_range 里选择实际值数据区域(B2:C3),在 Expected_range 里选择理论值数据区域(B8:C9)。

(5)确定,即可得到 $P=0.029\,096$(图 6-1)。

	A	B	C	D
1	性别	更喜欢有机食物	更喜欢非有机食物	调查人数
2	男	10	40	50
3	女	20	30	50
4	合计	30	70	100
5				
6	理论值			
7		更喜欢有机食物	更喜欢非有机食物	
8	男	15	35	
9	女	15	35	
10				
11	P值			
12	0.029096			

图 6-1　Excel 法

$P<\alpha$,差异显著,可以认为性别对有机食品的态度有关。

2. R 语言法

```
gender<-data.frame(c(10,40),c(20,30))
chisq.test(gender,correct=FALSE)        # correct=FALSE 表示不需要校正
```

结果如下所示。

Pearson's Chi-squared test

data：　gender

x-squared=4.7619,df=1,p-value=0.029 1

$P=0.029\,1<\alpha$,差异显著,可以认为性别对有机食品的态度有关。

例 2　某花生生产大省为了解并设法控制花生黄曲霉素污染,随机观察了 3 个地区的花生受黄曲霉素 B_1 污染的情况,结果见表 6-5。试问这 3 个地区花生的黄曲霉素 B_1 污染率是否不同?

表 6-5　三个地区花生的黄曲霉素 B_1 污染率

调查地区	受检样品		合计	污染率
	未污染	污染		
甲	6	23	29	79.3
乙	30	14	44	31.8
丙	8	3	11	27.3
合计	44	40	84	47.6

三个独立样本的二分类资料比较,样本总数 $N=84$,足够大;最小理论数 $=11*40/84=5.24>5$,符合卡方检验的条件。$\alpha=0.01$。

H_0:三个地区花生的黄曲霉素 B_1 污染率相同,$\pi_1=\pi_2=\pi_3$。

H_1:三个地区花生的黄曲霉素 B_1 污染率不同,$\pi_1\neq\pi_2\neq\pi_3$。

1. Excel 法

将数据复制到 Excel 中。

(1)计算出理论值。

甲(未污染)$=29*44/84=15.190\ 476\ 19$

甲(污染)$=29*40/84=13.809\ 523\ 81$

乙(未污染)$=44*44/84=23.047\ 619\ 05$

乙(污染)$=44*40/84=20.952\ 380\ 95$

丙(未污染)$=11*44/84=5.761\ 904\ 762$

丙(污染)$=11*40/84=5.238\ 095\ 238$

(2)单击公式菜单,选择插入函数,选择统计工具 CHISQ. TEST,在 Actual_range 里选择实际值数据区域(B2:C4),Expected_range 里选择理论值数据区域(B9:C11)。

(3)确定,即可得到 $P=0.001\ 29$(图 6-2)。

	A	B	C	D
1	调查地区	未污染	污染	合计
2	甲	6	23	29
3	乙	30	14	44
4	丙	8	3	11
5	合计	44	40	84
6				
7	理论值			
8		未污染	污染	
9	甲	15.19047619	13.80952381	
10	乙	23.04761905	20.95238095	
11	丙	5.761904762	5.238095238	
12				
13	P值			
14	0.000129313			

图 6-2　Excel 法

$P=0.001\ 293<\alpha$,差别极显著,这三个地区花生的黄曲霉素 B_1 污染率不同。

2. R 语言法

```
pollution< - data. frame(c(6,23),c(30,14),c(8,3))
chisq. test(pollution,correct = FALSE)          # correct = FALSE 表示不需要校正
```

结果如下所示。

Pearson's Chi-squared test

data： pollution

x-squared＝17.907,df＝2,p-value＝0.000 129 3

P＝0.000 129 3＜α,差别极显著,这三个地区花生的黄曲霉素 B_1 污染率不同。

例 3　某食品厂引进一批新添加剂,为检验其效果,用 300 个产品进行试验。60 天后,产品表面出现霉菌的有 18 个,未出现霉菌的有 282 个。对照组添加原添加剂,产品表面出现霉菌的有 34 个,未出现霉菌的有 266 个(表 6-6)。试问新旧添加剂的效果是否有显著性差异?

表 6-6　2 种添加剂对霉菌的抑制效果

	出现霉菌	未出现霉菌
新添加剂	18	282
旧添加剂	34	266

总样本数 n＝600＞40,最小理论数＝(52 * 300)/600＝26＞5,所以可作卡方检验,且不需要校正。α＝0.05。

H_0:新旧添加剂的效果相同,π_1＝π_2。

H_1:新旧添加剂的效果不同,π_1≠π_2。

1. Excel 法

(1)将数据复制到 Excel 里。

(2)计算期望的理论值,建立新的表格。

新添加剂(出现霉菌)＝(18＋34) * (18＋282)/600＝15

新添加剂(未出现霉菌)＝(282＋266) * (18＋282)/600＝35

旧添加剂(出现霉菌)＝(18＋34) * (34＋266)/600＝15

旧添加剂(未出现霉菌)＝(282＋266) * (34＋266)/600＝35

(3)任意单击空白单位格。

(4)单击公式菜单,选择插入函数,选择统计工具 CHISQ. TEST 在 Actual_range 里选择实际值数据区域(B2:C3),在 Expected_range 里选择理论值数据区域(B8:C9)。

(5)确定,即可得到 P＝0.020 249 799,如图 6-3 所示。

P＜α,差异显著,可以认为新旧添加剂的效果不同。

2. R 语言法

```
additive< - data. frame(c(18,282),c(34,266))
chisq. test(additive,correct = FALSE)          # correct = FALSE 表示不需要校正
```

	A	B	C	D
1		出现霉菌	未出现霉菌	合计
2	新添加剂	18	282	300
3	旧添加剂	34	266	300
4	合计	52	548	600
5				
6	理论值			
7		出现霉菌	未出现霉菌	
8	新添加剂	26	274	
9	旧添加剂	26	274	
10				
11	P值			
12	0.020249799			

图 6-3　Excel 法

结果如下所示。

Pearson's Chi-squared test

data： additive

x-squared＝5.3902,df＝1,p-value＝0.020 25

$P＝0.020\ 25<\alpha$,差异显著,可以认为新旧添加剂的效果不同。

例4　采用"A-非A法"测定两个样品的风味差异,20 位品评员进行评定,每位评定 5 个"A"和 5 个"非 A",结果见表 6-6。试检验样品"A"和"非 A"风味是否有显著差异?

表 6-7　2 种试检验样品风味测定结果

判断	样品	
	A	非 A
A	70	45
非 A	30	55

总样本数 $n＝200>40$,最小理论数＝$(100*85)/200＝42.5>5$,且 A 和非 A 是相互独立的,所以可作卡方检验,且不需要校正。$\alpha＝0.05$。

H_0:检验样品"A"和"非 A"风味相同,$\pi_1＝\pi_2$。

H_1:检验样品"A"和"非 A"风味不同,$\pi_1\neq\pi_2$。

1. Excel 法

(1)将数据复制到 Excel 里。

(2)计算期望的理论值,建立新的表格。

A(评定为 A)＝$(70＋30)*(70＋45)/200＝57.5$

A(评定为非 A)＝$(30＋70)*(30＋55)/200＝42.5$

非 A(评定为 A)＝$(45＋55)*(70＋45)/200＝57.5$

非 A(评定为非 A)＝$(55＋45)*(30＋55)/200＝42.5$

(3)任意单击空白单位格。

(4)单击公式菜单,选择插入函数,选择统计工具 CHISQ. TEST 在 Actual_range 里选择实际值数据区域(B2:C3),在 Expected_range 里选择理论值数据区域(B8:C9)。

(5)确定,即可得到 $P＝0.000\ 349$(图 6-4)。

$P<\alpha$,差异极显著,可以认为试检验样品"A"和"非 A"风味不同。

	A	B	C	D
1		A	非A	合计
2	A	70	45	115
3	非A	30	55	85
4	合计	100	100	200
5				
6	理论值			
7		A	非A	
8	A	57.5	57.5	
9	非A	42.5	42.5	
10				
11	P值			
12	0.000349			

图 6-4　Excel 法

2. R 语言法

```
A< - data.frame(c(70,30),c(45,55))
    chisq.test(additive,correct = FALSE)          # correct = FALSE 表示不需要校正
```

结果如下所示。

Pearson's Chi-squared test

data:　A

x-squared=12.788,df=1,p-value=0.000 348 925

$P=0.000\ 348\ 925<\alpha$,差异极显著,可以认为试检验样品"A"和"非 A"风味不同。

例 5　某医生比较两种不同手术治疗某病的疗效,共收治病 71 例,结果见表 6-8。试问这两种手术治疗该病的疗效是否相同?

表 6-8　2 种手术治疗某病的疗效

判断	疗效	
	治愈	未愈
甲	25	7
乙	37	2

总例数 $n=71>40$,但最小理论数=9 * 32/71=4.06<5,因此尽管可以进行卡方检验,但需要校正。$\alpha=0.05$。

H_0:两种手术治疗该病的疗效相同,$\pi_1=\pi_2$。

H_1:两种手术治疗该病的疗效不同,$\pi_1\neq\pi_2$。

1. Excel 法

(1)计算出理论值(图 6-5)。

甲(治愈)=(25+7) * (25+37)/71=27.94

甲(未愈)=(7+25) * (7+2)/71=4.06

乙(治愈)=(37+25) * (37+2)/71=34.06

乙(未愈)=(2+37) * (2+7)/71=4.94

	A	B	C	D
1		治愈	未愈	
2	甲手术	25	7	32
3	乙手术	37	2	39
4	合计	62	9	71
5				
6	理论值			
7		治愈	未愈	
8	甲手术	27.94366	4.056338	
9	乙手术	34.05634	4.943662	

图 6-5　Excel 法

（2）由于 Excel 不能直接做连续性校正卡方检测，因此手动计算 χ^2 值和 P 值。

$\chi^2 = (abs(25-27.94)-0.5)\hat{\ }2/27.94 + (abs(7-4.06)-0.5)\hat{\ }2/4.06 + (abs(37-34.06)-0.5)\hat{\ }2/34.06 + (abs(2-4.94)-0.5)\hat{\ }2/4.94 = 3.059\,468\,726$

自由度：$v = (2-1) * (2-1) = 1$。

$P = CHIDIST(3.059\,468\,726, 1) = 0.080\,268$。

$P = 0.080\,268 > \alpha$，差别不显著，尚不能认为这两种手术治疗该病的疗效不同。

2. R 语言法

```
treat<-data.frame(c(25,7),c(37,2))
chisq.test(treat,correct=TRUE)          # correct=TRUE 表示需要校正
```

结果如下所示。

Pearson's Chi-squared test with Yates' continuity correction

data: treat

x-squared=3.069 1,df=1,p-value=0.079 79

$P = 0.079\,79 > \alpha$，差别不显著，尚不能认为这两种手术治疗该病的疗效不同。

例 6　为了解不同品种苹果的耐贮情况，随机调查某果品仓库国光苹果 200 个，腐烂 14 个；红星苹果 178 个，腐烂 16 个。试问这两种苹果的耐贮情况是否一样？

这里是成组设计，可考虑做成组设计的四格表卡方检验。

H_0：这两种苹果的耐贮情况相同，$\pi_1 = \pi_2$。

H_1：这两种苹果的耐贮情况不同，$\pi_1 \neq \pi_2$。

$\alpha = 0.05$。

根据资料，可得表 6-9。

表 6-9　两种苹果贮藏情况

苹果种类	腐烂	未腐烂	合计
国光	14	186	200
红星	16	162	178
合计	30	348	378

这里观察总数远大于 40，最小理论数 $= 30 \times 178/378 = 14.15 > 5$，可直接做卡方检验。

$\chi^2 = \dfrac{(14 \times 162 - 16 \times 186)^2}{30 \times 348 \times 200 \times 178} = 0.510$，自由度 $df = 1$，$\chi^2 < 3.84 = \chi^2_{0.05(1)}$

根据 χ^2 值求 P 值：

Excel 法：$P = CHIDIST(0.51, 1) = 0.475\,139$

R 语言法：$P = pchisq(0.51, 1, lower. tail = FALSE) = 0.475\,138\,9$

$P = 0.475\,138\,9 > \alpha$，差异不显著，这两种苹果的耐贮情况相同。

1. Excel 法

两个独立样本的二分类资料比较，样本总数 $N = 378$，足够大；最小理论数 $= 30 * 178/378 = 14.13 > 5$，符合卡方检验的条件。$\alpha = 0.01$。

(1)将数据复制到 Excel 中。

(2)计算出理论值。

国光(腐烂) $= 30 * 200/378 = 15.873\,015\,87$

国光(未腐烂) $= 348 * 200/378 = 184.126\,984\,126\,984$

红星(腐烂) $= 30 * 178/378 = 14.126\,984\,13$

红星(未腐烂) $= 348 * 178/378 = 163.873\,015\,9$

(3)单击公式菜单，选择插入函数，选择统计工具 CHITEST，在 Actual_range 里选择实际值数据区域(B2:C3)，Expected_range 里选择理论值数据区域(B7:C8)。

(4)确定，即可得到 $P = 0.475\,221$(图 6-6)。

	A	B	C	D
1	苹果种类	腐烂	未腐烂	合计
2	国光	14	186	200
3	红星	16	162	178
4	合计	30	348	378
5				
6	理论值			
7		腐烂	未腐烂	
8	国光	15.87302	184.127	
9	红星	14.12698	163.873	
10				
11	P值			
12	0.475221			

图 6-6　Excel 法

$P > \alpha$，差别不显著，这两种苹果的耐贮情况相同。

2. R 语言法

```
apple< - data. frame(c(14,186),c(16,162))
chisq. test(apple,correct = FALSE)          # correct = FALSE 表示不需要校正
```

结果为：

Pearson's Chi-squared test

data：apple

x-squared $= 0.509\,81$，df $= 1$，p-value $= 0.475\,2$

$P = 0.475\,2 > \alpha$，差别不显著，这两种苹果的耐贮情况相同。

(五)精确概率法

例　用某种保色剂进行诱发肿瘤实验。实验组 15 只小白鼠中 4 只发生癌变，对照组 10 只

无 1 只发生癌变。试问该保色剂是否有诱癌作用？

观察数较小，不足 40，不能作卡方检验，需要用 fisher 精确概率法。由于是检验诱癌作用，即 $\pi_1 > \pi_2$，因此用单侧检验。

H_0：保色剂无诱癌作用，$\pi_1 \leqslant \pi_2$。

H_1：保色剂有诱癌作用，$\pi_1 > \pi_2$。

$\alpha = 0.05$。

R 语言法：

```
cancer< - data. frame(c(4,11),c(0,10))
fisher. test(cancer,alternative = "greater")      # alternative 指示单侧或双侧
```

结果为：

Fisher's Exact Test for Count Data

data:cancer

p-value＝0.107 9

alternative hypothesis:true odds ratio is greater than 1

用精确概率法得到 $P = 0.108$（单侧）> 0.05，差异不显著，尚不能认为该保色剂具有诱癌作用。

(六)配对资料的卡方检验

例 为比较两种检验方法的结果是否有差别，某实验室将 75 份受大肠杆菌污染的乳制品在相同的条件下，分别用乳胶凝集法和常规培养法作细菌培养，得到的结果如表 6-10 所示。试问这两种方法的细菌培养效果是否相同？

表 6-10　两种方法的细菌培养效果

乳胶凝集法	常规培养方法		合计
	阳性	阴性	
阳性	37(a)	2(b)	39
阴性	9(c)	27(d)	36
合计	46	29	75

H_0：两种方法的细菌培养效果相同，$\pi_1 = \pi_2$。

H_1：两种方法的细菌培养效果不同，$\pi_1 \neq \pi_2$。

$\alpha = 0.05$。

1. Excel 法

(1)关联性检验（独立性检验）

与普通四格表的差异性分析相同。

(2)差异性检验

本例属于典型的配对设计。$b = 2$，$c = 9$，$b + c = 11 < 40$，需要校正。$\alpha = 0.05$。

计算 χ^2 值，用校正公式计算，$\chi^2_{校正} = \dfrac{(|b - c| - 1)^2}{b + c} = \dfrac{(|2 - 9| - 1)^2}{2 + 9} = 3.27 < 3.84 = \chi^2_{0.05(1)}$。

计算 P 值,$P = \text{CHIDIST}(3.27, 1) = 0.070\,558$。

$P = 0.070\,558 > \alpha$,差别不显著,表明这两种方法的细菌培养效果相同。

2. R 语言法

```
bact<-c(37,2,9,27)
dim(bact)<-c(2,2)
mcnemar. test(bact,correct = TRUE)
```

结果如下所示。

McNemar′s Chi-squared test with continuity correction

data: bact

McNemar′s Chi-squared $= 3.272\,7$,df $= 1$,p-value $= 0.070\,44$

$P = 0.070\,44 > \alpha$,差别不显著,表明这两种方法的细菌培养效果相同。

(七)拟合优度卡方检验

例 1　孟德尔用豌豆的两对相对性状进行杂交实验。黄色圆滑种子与绿色皱缩种子的豌豆杂交后,F2 代分离的情况为:黄圆 315 粒,黄皱 101 粒,绿圆 108 粒,绿皱 32 粒,共 556 粒(表 6-11)。试问此结果是否符合遗传学自由组合规律?

表 6-11　F2 代豌豆的性状分离情况

	黄圆	黄皱	绿圆	绿皱	总共
实际分离情况	315	101	108	32	556
理论分离情况	312.75	104.25	104.25	34.75	

根据自由组合规律,理论分离比为,黄圆:黄皱:绿圆:绿皱 $= 9:3:3:1$。

H_0:试验结果符合遗传学自由组合规律。

H_1:试验结果不符合遗传学自由组合规律。

$\alpha = 0.05$。

1. Excel 法

在 Excel 里建立分离实际情况和理论情况,根据总粒数 $*$ 理论分离比计算。

利用函数 $= \text{CHITEST}(\text{Actual\_range}, \text{Experted\_range})$,Actual_range 区域选择实际分离情况的数据,Experted_range 区域选择理论分离情况的数据,按回车键即可得到 $P = 0.925\,425\,895$,如图 6-7 所示。

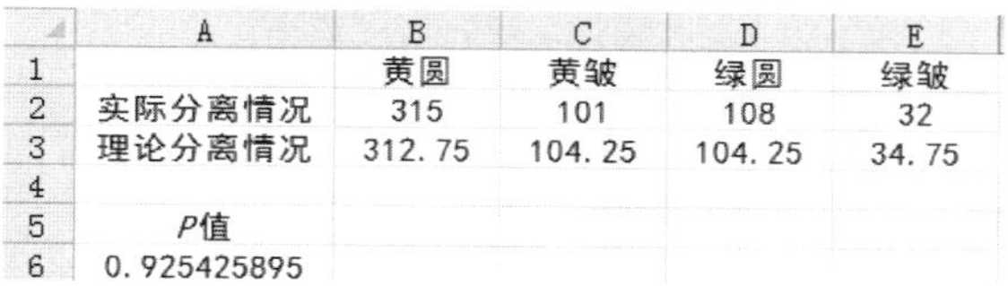

▲	A	B	C	D	E
1		黄圆	黄皱	绿圆	绿皱
2	实际分离情况	315	101	108	32
3	理论分离情况	312.75	104.25	104.25	34.75
4					
5	*P*值				
6	0.925425895				

图 6-7　Excel 法

也可手动计算卡方值和 P 值，$\chi^2 = (315-312.75)^2/312.75 + (101-104.25)^2/104.25 + (108-104.25)^2/104.25 + (32-34.75)^2/34.75 = 0.470\,023\,981$，然后计算 P 值，$P = CHIDIST(0.470\,023\,981,3) = 0.925\,425\,895$。

$P = 0.925\,425\,895 > \alpha$，差别不显著，认为试验结果符合遗传学自由组合规律。

2. R 语言法

```
act< - c(315,101,108,32)        ♯ 实际值
pro< - c(9,3,3,1)               ♯ 理论的比例
chisq. fit(act,pro,3)           ♯ 采用自己编写的函数来分析
```

结果如下所示。

X-squared　test of goodness of fit

X-squared $= 0.470\,023\,980\,815\,348$, df $=3$, p-value $= 0.925\,425\,895\,103\,616$

$P > \alpha$，差别不显著，认为试验结果符合遗传学自由组合规律。

函数代码:自编函数需要提前运行才能使用。

```
chisq. fit< - function(x,y,v){    ♯    x 为实际数, y 为比例, v 为自由度
    expect< - y * sum(x)/sum(y)
    chisqa< - sum((x - expect)^2/expect)
    pvalue< - pchisq(chisqa,3,lower. tail = FALSE)
    message("X - squared   test of goodness of fit")
    message("X - squared = ",chisqa,"df = ",length(x) - 1,"p - value = ",pvalue)
    }
```

例2　某食品公司宣称 75% 以上的消费者满意该公司产品的质量。一调查公司随机调查发现，该公司 625 位消费者中，有 500 位满意该公司产品的质量。试问该公司有没有夸大其产品质量满意度?

用拟合优度检验。

H_0:该公司夸大了其产品的质量满意度，即满意度 $\leqslant 75\%$。

H_1:该公司没有夸大其产品的质量满意度，即满意度 $> 75\%$。

$\alpha = 0.05$。

$$\chi^2 = \frac{(500-625\times0.75)^2}{625\times0.75} + \frac{(125-625\times0.25)^2}{625\times0.25} = 8.33$$

自由度 df $= 2-1 = 1$，$\chi^2 > 3.84 = \chi^2_{0.05(1)}$。

根据 χ^2 值求 P 值:

Excel 法:$P = CHIDIST(8.33,1) = 0.003\,899\,566$

R 语言法:$P = pchisq(8.33,1,lower. tail = FALSE) = 0.003\,899\,566$

$P = 0.003\,899\,566 < \alpha$，差异显著，选择 H_1 假设，即该公司没有夸大其产品的质量满意度。

第七章

非参数检验

非参数检验(non-parametric statistics)是统计分析方法的重要组成部分,和参数检验(parametric statistics)一样,是统计推断的组成部分。参数检验是以总体分布已知或对分布做出某种假定为前提的,是限定分布的估计或检验。常用的方差分析、t检验等都属于参数检验,要求样本所属总体为正态分布、总体方差齐时应用。然而,在实际生活中,往往不知道客观现象的总体分布,或无从对总体分布做出某种假设,再或者所得数据因某些原因遭到污染或破坏。如果在这些情况下,采用基于假定总体分布已知的参数检验进行推断可能会得到不正确的结论。因此,在对总体无法做出假定的情况下,或者数据不满足参数检验的条件时,需要进行非参数统计推断。

一、知识点

(一)参数检验与非参数检验

非参数检验,就是对总体分布的具体形式不做任何限制性假设和不以总体参数具体数值估计或检验为目的的推断统计方法。非参数检验不要求知道随机变量的函数分布,且不直接对分布参数μ、σ等进行检验,一般只估计观察对象的符号和顺序,在一定程度上将所有变量"等级性"了,因此未将资料全部信息利用起来,适用于小样本的资料或等级变量。

非参数检验与参数检验的区别在于以下几方面。

①适用范围 首先调查清楚数据总体的分布状态,当总体满足正态分布时,使用参数检验分析。不满足正态分布或者分布不清楚时,使用非参数检验。

②检验效能 当符合参数分布条件时,参数检验的检验效能高于非参数检验,应该优先选择参数检验的方法。然而,非参数检验条件相对宽松,适应性强,计算简单,易于理解,因此它被广泛运用到各个领域。

③对比指标 参数检验一般用平均值反应数据的集中趋势,而当数据不满足正态分布时,利用非参数检验的中位数为更好的选择。

(二)符号检验

符号检验(sign test)的核心为二项分布(binomial distribution)。二项分布属于离散型随机变量(discrete random variable)分布,其定义基于贝努利(Bernoulli trails)试验,指统计变量中只有性质不同的两个群体概率分布,比如:投掷硬币实验的结果分为正面和背面,人群可以分成男性和女性等。

符号检验利用两个总体中数据之差的符号来检验两个总体分布的差异性,每对数据之差的符号有可能为正或负(相同时忽略不计)。假设两个总体的分布相同,那么每对数据之差的符号为正的概率(P)应当与符号为负的相等,即使有试验误差的存在,两者也不应该相差太大。但如果相差超过一定的临界值,就认为两个样本所属总体差异显著,它们不服从相同的分布。以下是几种符号检验的情形。

(1)单个小样本资料

如研究 10 份样品中酚酸的含量是否与文献中报道的酚酸含量相同,将观察值与文献中已知值比较,大于该数记为"＋",小于记为"－",相同则忽略不计。此时只关心"＋""－"数量的大小,并不关心差异大小,因此可选用符号检验。

（2）配对资料

如研究膳食纤维对小鼠肠道健康的影响,分别对配对小鼠进行膳食纤维(A)和安慰剂(B)喂食,一段时间后比较效果。这时只关心 A>B,A=B 或者 A<B,并不关心两者的差异有多大,此时应选用符号检验。

（三）符号秩和检验

符号秩和检验(signed rank sum test)是对符号检验方法的改进,通过将所有观察值(或每对观察值差的绝对值)按照从小到大的顺序排列、编号,称为秩(或秩次)。对两组观察值(根据观察值差值的正负分为两组)分别计算秩,并进行检验。

1. 两样本比较的秩和检验

（1）配对资料

当配对资料近似服从正态分布时,两组资料的差异可以使用配对 t 检验法进行检验。然而,如果两组配对资料的差值不是正态分布或分布未知,则可采用符号秩和检验。计算时先求出配对观测数据差值的绝对值,并将绝对值按大小顺序编秩。如差值的绝对值相等,但符号相反,则取平均秩次;若差值绝对值相等,符号相同,则可以不取平均秩次。计算不同符号的秩和 T_+ 和 T_-,选择其中较小的一个作为符号秩和检验的统计量 T 进行后续假设检验。

（2）成组资料

成组(非配对)资料也可以采用类似于符号秩和检验的方法进行比较,一个常用的方法是威尔科克森-曼-惠特尼秩和检验(Wilcoxon-Mann-Whitney rank sum test)。将两组数据由小到大顺序统一编秩。其中,相同数据在不同组时取平均秩次。分别计算各组秩和 T_1 和 T_2,较小样本量的组秩和为检验统计量 T,通过与标准界值比较,确定 P 值大小并作出推断。

2. 多个样本比较的秩和检验

多组计量资料比较时,若数据不满足方差分析的条件时,可以用克鲁斯卡尔-沃利斯检验(Kruskal-Wallis Test),又称为 K-W 检验或 H 检验,主要用于推断多个独立样本来自的多个总体有无显著差别。

3. 配伍组资料的秩和检验

配伍组(即随机区组)设计的实验数据,如不能满足方差分析的正态性和方差齐的要求,则可用弗里德曼(Friedman)秩和检验来推断不同处理组来自总体间的差别。弗里德曼检验(Friedman Test)又称 M 检验,该方法的基本思想是消除区组内差异的影响,对不同区组的处理因素继续比较。因此,将每一区组内各自数据进行独立排秩,从而消除区组间的差异,以检验各种处理之间是否存在差异。

4. 两两比较

利用 K-W 检验多组资料时,当 $P<\alpha$,则多组资料的总体差异显著,然而此时并不能说明任何两个总体间均有差异。而了解具体哪两组(两个总体)间的差异,研究不同处理对样品的影响,对于实验结论至关重要。

Nemenyi 法是多样本秩和检验的常用多重比较方法。当经过 K-W 检验,认为总体分布不同或不全相同时,需要通过 Nemenyi 两两比较的秩和检验判断具体哪些组的总体分布相同,哪些总体分布不同。

二、操作要点

(一)符号检验的计数统计

符号检验通过对小样本非正态分布资料中观察值与已知值之差,或配对资料样本中每对数据之差的符号进行检验。若两个样本差异不显著,则正、负差值的个数应各占一半。即使由于抽样误差,也不会相差很大。小样本时,查界值表;大样本时,用正态分布来近似。

1. 符号检验的基本步骤

(1)确定每对数据之间差异的符号。对第 i 对数据,如果 $x_{i1} > x_{i2}$,则取正号,记为"+""+"的个数记为 N_+。反之则取符号"−""−"的个数记为 N_-。两者相同计为 0,并忽略不计。

(2)求出总量 N:$N = N_+ + N_-$。

(3)N_+ 和 N_- 中较小的为统计量 N_s。确定显著水平 α,根据统计量查符号检验表得其临界值 $N_\alpha(n)$。

(4)判别显著性。当 $N_s < N_\alpha(n)$,$P < \alpha$,拒绝 H_0,两样本差异显著;当 $N_s > N_\alpha(n)$,$P > \alpha$,接受 H_0,两样本差异不显著。

2. Excel 操作

在计算两组数据之差 N_+ 和 N_- 的数据量时,使用"=COUNTIF(A$_i$:A$_m$,">X")"计数,COUNTIF 为条件个数计数函数,"A$_i$:A$_m$"选定所有数据,">X"为挑选数据的条件。当条件为">X"时,COUNTIF 函数计算出来的为 N_+ 统计量,而"<X",计算出来的为 N_- 统计量。

利用 MIN(N_+,N_-)函数选取 N_+ 与 N_- 之间较小的作为符号检验的统计量 N_s。

利用 BINOMDIST(N_s,N,α,TRUE)函数计算概率,其中 N_s 为两个统计量中较小的一个,N 为 N_+ 和 N_- 的和。关于双侧概率计算,如本章第三节操作案例(一)符号检验中"新兵身高是不是 165 cm"等这类"是不是"的问题时,应计算双侧的概率 $P = 2 * \text{BINOMDIST}(N_s, N, \alpha, \text{TRUE})$。

3. R 语言操作

以本章第三节操作案例(一)符号检验中"新兵身高"例子为例,将数据输入后,利用 binom. test()二项分布函数计算概率值,binom. test(sum(x>165),length(x[x! =165]),alternative="two. sided",p=0.5),其中 sum(x>165)计算的是所有大于 165 的数据,也就是 N_+。length(x[x! =165])是所有不等于 165 的数值,即 $N_+ + N_-$。alternative="two. sided"表示双侧检验。

(二)秩和检验

1. 配对资料

检验的一般步骤如下:

①求出配对观测数据差值的绝对值,并将绝对值按大小顺序编秩。

②如差值的绝对值相等,但符号相反,则取平均秩次;若差值绝对值相等,符号相同,则可

以不取平均秩次。

③计算不同符号的秩和 T_+ 和 T_- ,选择其中较小的一个作为符号秩和检验的统计量 T 。

④根据显著性水平 α 查表,得到临界值 T_α ,若 $T<T_\alpha$,则拒绝原假设 H_0 。

（1）Excel 法

在 Excel 中,先计算配对组差值,然后利用 RANK（）函数将差值的绝对值从小到大排秩。如差值相等,但符号相反,则取平均秩次;若差值相等,但符号相同,则可以不取平均秩次。

用 SUM（）函数分组统计秩和 T_+ 和 T_- ,二者中较小的值为统计量 T 。

通过查秩和检验界值表,如果统计量小于界值（ $T<T_\alpha$ ）,则 $P<\alpha$,差异显著;反之,则差异不显著。或者直接利用 BINOMDIST（N_S,N,α,TRUE）计算 P 值（此时 Ns 为统计量 T , $N=T_++T_-$）,再与 α 值比较,得出统计推断结论。

（2）R 语言法

利用 R 语言,输入配对两组数据后,使用 wilcox.test（数据 1,数据 2,paired＝TRUE）进行计算,其中"paired＝TRUE"为配对资料。算出的 P 值与 α 作比较,如果 $P<\alpha$,则差异显著。

2. 成组资料

检验的一般步骤为:

①建立假设,设定 H_0 无效假设为两组样本的总体分布相同,并确定显著性水平。

②将两组数据由小到大的顺序统一编秩,相同数据在不同组时取平均秩次。

③分别计算各组秩和 T_1 和 T_2 。样本量较小的组秩和为检验统计量 T 。

④利用查表法或正态近似法确定 P 值并做出推断结论。

（1）Excel 法

与配对秩和检验方法类似,将两组数据放在一列,利用 RANK（）函数编秩,相同秩次在不同组时取平均数,并分别求出两组的秩和。样本量较小的秩和为统计量 T 。

根据 n_1,n_2 与 α 查界值表,如果统计量在这个范围内,则 $P>\alpha$,差异不显著。如果统计量在这个范围外或处于临界点,则 $P\leq\alpha$,差异显著。

（2）R 语言法

与配对秩和检验方法类似,在输入成组数据后,利用 wilcox.test（）命令进行成组秩和检验。与配对资料不同的是设置参数"paired＝FALSE",得出概率 P 值。将得到的 P 值与 α 值作比较,如果 $P<\alpha$,则差异显著。

3. 多个独立样本比较（Kruskal-Wallis 检验）

检验的基本步骤如下所示。

①将样本混合,基于值升序顺序分别求出各组样本的秩均值。

②如果各组样本的秩均值相差不大,说明这些样本分布情况相同。

③当处理组数（k）不多于 3,各组样本量也不太大时,通过查表得到界值。否则,检验统计量（H）的抽样分布近似服从自由度为 $k-1$ 的卡方分布（k 为样本组数）。 H 检验统计量的计算公式为

$$H=\left[\frac{12}{n(n+1)}\sum_{i=0}^{k}\frac{R_i^2}{n_i}\right]-3(n+1)$$

式中：n_i 为样本 i 中观测值个数；n 为观测值总数；R_i 为样本 i 的秩和。

（1）Excel 法

将所有区组数据汇总，利用 RANK（）命令整体排秩，再分别求出每组的秩和。当处理组数（k）不多于 3，各组样本量也不太大时，通过查表得到界值。当处理组大于 3 或者各组样本量太大时，统计量 H 近似自由度为 $k-1$ 的 χ^2 分布。如果 H 值大于界值，$P<\alpha$，则差异显著。

（2）R 语言法

多组资料的秩和检验利用 kruskal.test（）函数计算，得到 P 值。如果 $P<\alpha$，则差异显著。

4. 配伍组资料

方法步骤如下所示：

①先将每一配伍组内将数据从小到大编秩，如有相同的数据，取平均秩次；按处理组将各秩次分别相加，得到各组秩和 R_i（$i=1,2,\cdots,k$）。

②求统计量 M：$M=\sum(R_i-R)^2$，其中 R_i 为各组秩和，R 为各组平均秩和。

③计算统计量 χ_R^2 的值：$\chi_R^2=\dfrac{12M}{b*k*(k+1)}$，其中 b 为配伍组数，k 为处理组数。

④求得 χ_R^2 后，查表得 P 值，按所取检验水准做出推断结论。

（1）Excel 法

按照每个处理组和样品量输入数据后，与前面提到的符号秩和检验将所有数据混合排秩不同的是，Friedman 检验利用 RANK 函数在配伍组内从小到大编秩，分别算出每个配伍组内的秩和。其中，各配伍组秩和 R_i 与配伍组平均秩和 R 所得差值的平方和为统计量 M。按照配伍组数和处理组数查表，求界值。如果配伍组数和/或处理组数超出界值表，则可通过上述 χ^2 公式计算卡方值。如果统计量 M 大于界值，则 $P<\alpha$，差异显著；反之，则差异不显著。

（2）R 语言法

利用 friedman.test（）命令检验配伍组之间差异的显著性，得到 P 值。如果 $P<\alpha$，则差异显著。反之亦然。

5. 两两比较

经过多个独立样本比较的 Kruskal-Wallis H 检验后确定多个总体不同，需要进一步判断哪两两总体分布位置不同时，使用 R 语言运算较为简便。利用 R 语言中 PMCMR 程序包中的 posthoc.kruskal.nemenyi.test（）命令，判断各组之间差异是否显著。

三、操作案例

（一）符号检验

例 1 从某批入伍新兵中，随机抽选 20 名，测得其身高（单位：cm）分别为：172，168，165，176，167，173，157，158，174，170，169，155，178，171，165，170，176，182，168，175。试问这批新兵的身高是否为 165 cm？

这是小样本资料且不符合正态分布，因此使用非参数检验。以中位数（165 cm）将数据分为两边，大于中位数的为正，小于中位数的为负，那么样本出现在中位数 165 cm 两侧的概率应为 1/2。因此,使用 $p=0.5$ 的二项检验进行符号检验。

建立假设:

H_0:这批新兵的平均身高是 165 cm。

H_1:这批新兵的平均身高不是 165 cm。

$\alpha=0.05$。

1. Excel 法

(1)将数据输入 Excel 中。

(2)在第二列分别输入要计算的量,并在相应的右边列,利用公式计算。

在 C2 单元格处输入:=COUNTIF(A1:A20,">165"),结果为 N_+ 的个数。

在 C3 单元格处输入:=COUNTIF(A1:A20,"<165"),结果为 N_- 的个数。

在 C4 单元格处输入:=C2+C3,结果为 N。

在 C5 单元格处输入:=MIN(C2,C3),结果为统计量 Ns。

在 C6 单元格处输入:=2 * BINOM.DIST(C5,C4,0.5,TRUE),结果为概率值 P,如图 7-1 所示。

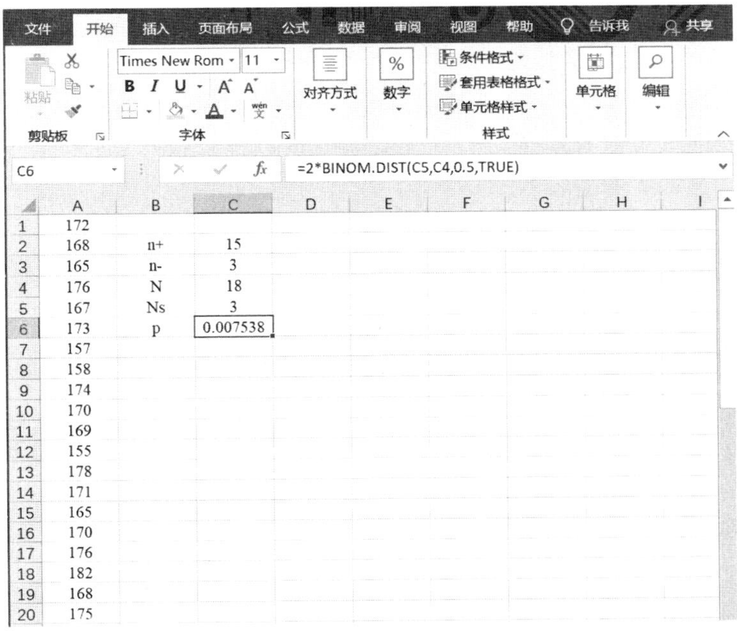

图 7-1　Excel 计算概率值

因此 $P=0.007\,538<\alpha$,这批新兵的身高不是 165 cm。

2. R 语言法

```
x<- c(172,168,165,176,167,173,157,158,174,170,169,155,178,171,165,170,176,
    182,168,175)
binom. test(sum(x>165),length(x[x! = 165]),alternative = "two. sided",p = 0.5)
```

结果如下所示。

Exact binomial test

data： sum(x＞165)and length(x[x！＝165])

number of successes＝15,number of trials＝18,p-value＝0.007 538

alternative hypothesis:true probability of success is not equal to 0.5

因此 $P=0.007\,538<\alpha=0.05$,这批新兵的身高不是 165 cm。

例 2 为了检验两种果汁(A、B)的酸味强度是否有差异,选择 8 个品评员,用 1～5 的打分标准(1＝极弱,5＝极强)进行评定,结果见表 7-1。试用符号检验测验这两个产品的酸度是否有差异。$\alpha=0.05$。

表 7-1 A、B 两种果汁的酸度评分

品评员	A	B	差异的符号	品评员	A	B	差异的符号
1	4	2	＋	5	5	4	＋
2	3	2	＋	6	5	3	＋
3	3	4	－	7	3	4	－
4	4	4	0	8	4	3	＋

案例中每个品评员分别评定果汁 A 和果汁 B,比较二者差异,属于配对设计。

建立假设：

H_0:这两个产品酸度没有差异。

H_1:这两个产品酸度有差异。

$\alpha=0.05$。

1. Excel 法

(1)将数据输入 Excel。

(2)在最右边添加列"差异的符号",在第一个空格计算＝IF(B2＞C2,"＋",IF(B2＜C2,"－",0)),并下拉,得到所有的比较结果。

(3)在表格旁边的列输入要计算的量,并在其相应的右边列,利用公式计算。

在 F2 单元格处输入：＝COUNTIF(D2:D9,"＋"),结果为 n_+ 的个数。

在 F3 单元格处输入：＝COUNTIF(D2:D9,"－"),结果为 n_- 的个数。

在 F4 单元格处输入：＝F2＋F3,结果为 n。

在 F5 单元格处输入：＝MIN(F2,F3),结果为统计量 n_s。

在 F6 单元格处输入：＝2＊BINOM.DIST(F5,F4,0.5,TRUE),结果为概率值 P,如图 7-2 所示。

因此 $P=0.453\,1>\alpha$,差别不显著,即两个产品的酸味强度没有差异。

2. R 语言法

```
A＜-c(4,3,3,4,5,5,3,4)
B＜-c(2,2,4,4,4,3,4,3)
binom.test(sum(A＜B),length(A[A！＝B]),alternative＝"two.sided",p＝0.5)
```

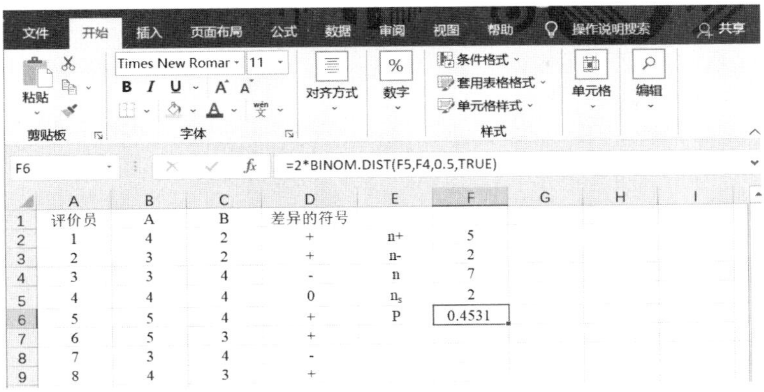

图 7-2　Excel 计算概率值

结果如下所示。

Exact binomial test

data： sum(A＜B)and length(A[A！＝B])

number of successes＝2，number of trials＝7，p-value＝0.453 1

alternative hypothesis：true probability of success is not equal to 0.5

因此 $P=0.453\ 1>\alpha$，差别不显著，即两个产品的酸味强度没有差异。

例3　某食品工厂为比较白班和夜班生产的效率是否相同，随机抽取 2 周统计其白班与夜班的产量，各日的产量见表 7-2。试回答白班和夜班的产量是否有差别？

表 7-2　某食品厂的白班产量和夜班产量

日期编号	白班产量	夜班产量
1	105	102
2	94	90
3	92	95
4	102	96
5	96	96
6	98	104
7	105	103
8	90	98
9	85	84
10	88	85
11	98	88
12	110	98
13	108	104
14	95	98

　　案例中同一天的白班和夜班，其生产条件相同或相近，比较白班和夜班的产量，属于配对设计。

建立假设：

H_0：白班与夜班的产量一样。

H_1：白班与夜班的产量不一样。

$\alpha = 0.10$。

1. Excel 法

(1)将数据输入 Excel。

(2)在最右边添加列"白班与夜班产量比较"，在第一个空格输入＝IF(B2＞C2,"＋",IF(B2＜C2,"－",0))，并下拉，得到所有的比较结果。

(3)在表格旁边的列输入要计算的量，并在其相应的右边列，利用公式计算。

在 F2 单元格处输入：＝COUNTIF(D2:D15,"＋")，结果为 n_+ 的个数。

在 F3 单元格处输入：＝COUNTIF(D2:D15,"－")，结果为 n_- 的个数。

在 F4 单元格处输入：＝F2＋F3，结果为 n。

在 F5 单元格处输入：＝MIN(F2,F3)，结果为统计量 n_s。

在 F6 单元格处输入：＝2 * BINOM. DIST(F5,F4,0.5,TRUE)，结果为概率值 P(图 7-3)。

因此 $P = 0.266\,846 > \alpha$，差别不显著，认为白班与夜班的产量相等。

![Excel 界面截图，单元格 F6 公式栏显示 =2*BINOMDIST(F5,F4,0.5,TRUE)，表格含日期编号、白班产量、夜班产量、白班与夜班产量比较等列]

日期编号	白班产量	夜班产量	白班与夜班产量比较		
1	105	102	＋	n+	9
2	94	90	＋	n-	4
3	92	95	－	n	13
4	102	96	＋	n_s	4
5	96	96	0	p	0.266846
6	98	104	－		
7	105	103	＋		
8	90	98	－		
9	85	84	＋		
10	88	85	＋		
11	98	88	＋		
12	110	98	＋		
13	108	104	＋		
14	95	98	－		

图 7-3　Excel 法计算概率值

2. R 语言法

```
x<-c(105,94,92,102,96,98,105,90,85,88,98,110,108,95)
y<-c(102,90,95,96,96,104,103,98,84,85,88,98,104,98)
binom. test(sum(x<y),length(x[x! = y]),alternative = "two. sided",p = 0.5)
```

结果如下所示。

Exact binomial test

data： sum(x＜y)and length(x[x！＝y])

number of successes＝4,number of trials＝13,p-value＝0.266 8

alternative hypothesis:true probability of success is not equal to 0.5

因此 $P=0.266\ 8>\alpha$,差别不显著,认为白班与夜班的产量相等。

例 4 某公司开发部门举办一次特别调查以检验市场上甲、乙两种啤酒哪种更受欢迎。邀请 70 位消费者品尝评价味道好坏,结果有 38 位消费者认为甲啤酒优于乙啤酒(记为"＋"),有 26 位消费者认为乙啤酒优于甲啤酒(记为"－"),其余 6 位消费者则认为两种啤酒不相上下。试判断两种啤酒是否有差异。

根据题意,可知 $N_+=38,N_-=26,N=64$。由于 $N=64>50$,是大样本资料,符合正态分布近似。

建立假设:

H_0:两种啤酒没有差异。

H_1:两种啤酒有差异。

$\alpha=0.05$。

这里 $p=N_+/N=38/64=0.593\ 75$, $\pi_0=0.5$, $S_\pi=\sqrt{\dfrac{\pi_0(1-\pi_0)}{n}}=\sqrt{\dfrac{0.5\times0.5}{64}}=0.062\ 5$,

$Z=\dfrac{p-\pi_0}{S_\pi}=\dfrac{0.593\ 75-0.5}{0.062\ 5}=1.5$。

计算 P 值。

Excel 法:$P=2*(1-\text{NORMSDIST}(1.5))=0.133614$

R 语言法:$P=2*\text{pnorm}(1.5,\text{lower. tail}=\text{FALSE},\text{log. p}=\text{FALSE})=0.133\ 614\ 4$

$P=0.133\ 614>\alpha$,差别不显著,两种啤酒无差别。

R 语言直接计算:

```
n<－64
p1<－38/64
z<－(p1-0.5)/sqrt(0.5*(1-0.5)/n)
p<－2*(1-pnorm(z))
```

结果 $Z=1.527\ 083$, $P=0.133\ 614\ 4>\alpha$,差别不显著,两种啤酒无差别。

(二)符号秩和检验

例 1 某研究者欲研究某保健食品的小鼠抗疲劳作用,将同种属的小鼠按性别和年龄相同、体重相近配成 10 个对子,并将每对中的两只小鼠随机分配到该保健食品的两个不同剂量组,两周后将小鼠杀死,测得其肝糖原含量(mg/100 g),结果见表 7-3。试问这两种剂量组的小鼠肝糖原含量是否有差别? $\alpha=0.05$。

表 7-3 不同剂量保健食品组小鼠肝糖原含量 mg/100 g

小鼠对号	低剂量组	高剂量组	差值 d	秩次	
(1)	(2)	(3)	(4)＝(3)－(2)	＋	－
1	620.16	958.47	338.31	10	

续表7-3

小鼠对号	低剂量组	高剂量组	差值 d	秩次	
（1）	（2）	（3）	（4）＝（3）－（2）	＋	－
2	866.50	838.42	−28.08		5
3	641.22	788.90	147.68	8	
4	812.91	815.20	2.29	1.5	
5	738.96	783.17	44.21	6	
6	899.38	910.92	11.54	3.5	
7	760.78	758.49	−2.29		1.5
8	694.95	870.80	175.85	9	
9	749.92	862.26	112.34	7	
10	793.94	805.48	11.54	3.5	
合计				48.5	6.5

该案例中同种属的小鼠按性别和年龄相同、体重相近配成 10 个对子,因此采用配对资料的秩和检验。

建立假设:

H_0:两剂量组的小鼠肝糖原含量相同(即这两组的差值中位数等于 0)。

H_1:两剂量组的小鼠肝糖原含量不同。

$\alpha＝0.05$。

1. Excel 法

(1)将数据复制到 Excel 中。

(2)加列:差值 d,差值绝对值[abs(差值)],取精确值,相同的个数,"＋""－"秩次。如图 7-4所示。

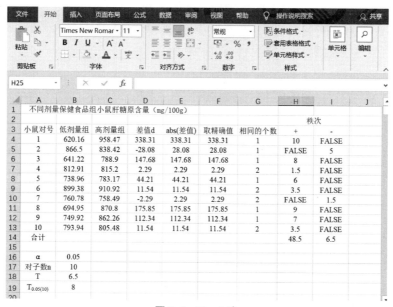

图 7-4　Excel 法

（3）计算方法：

①在 D4 单元格处输入：差值 $d = C4 - B4$，通过下拉，依次得到本列中的其他对应数值。

②在 E4 单元格处输入：abs（差值）＝ ABS(D4)，然后下拉，可得到本列中的其他对应数值。

③在 F4 单元格处输入：取精确值＝ROUND(E4,2)，下拉后得到本列中的其他对应数值。

④在 G4 单元格处输入：相同的个数＝COUNTIF(INDIRECT("F4:F13"),F4)，下拉得到本列对应的其他数值。

⑤在 H4 单元格处输入：秩次＋＝IF(D4>0,RANK(F4,INDIRECT("F4:F13"),1)-1+G4*(G4+1)/2/G4，通过下拉操作得到本列对应的其他数值。

⑥在 I4 单元格处输入：秩次－＝IF(D4<0,RANK(E4,INDIRECT("E4:E13"),1)-1+G4*(G4+1)/2/G4，通过下拉操作得到本列对应的其他数值。

⑦在单元格 H14,I14 中分别输入其秩和：sum(秩次＋),sum(秩次－)。

（4）单元格 B17 中显示对子数 $n = 10$。

（5）在单元格 B18 中输入：统计量 $T = \min(\text{sum(秩次＋),sum(秩次－)}) = 6.5$。

（6）查秩和检验界值表，得 $T_{0.05}(10) = 8 > T$。结果如图 7-4 所示。

因此 $P < \alpha$，差别显著，两组小鼠的肝糖原含量有差别。

注意：

（1）由于相同的差值，经过 abs(差值)后并不相同，需要取小数点后两位的精确值＝round(A,2)，否则 Excel 不能进行相同数据的计数，很多数据表面看相同，但是其小数点后位数很多且并不相同；

（2）秩和检验表取 T_+ 与 T_- 中较小值为统计量，故 T 值越大，P 值越大。

2. R 语言法

```
x<-c(620.16,866.50,641.22,812.91,738.96,899.38,760.78,694.95,749.92,793.94)
y<-c(958.47,838.42,788.90,815.20,783.17,910.92,758.49,870.80,862.26,805.48)
wilcox.test(x,y,paired = T) # paired 参数指定是否为配对数据
```

结果如下所示。

Wilcoxon rank sum test

data: x and y

W ＝23,p-value＝0.043 26

alternative hypothesis:true location shift is not equal to 0

因此 $P = 0.043\,26 < \alpha$，差别显著，两组小鼠的肝糖原含量有差别。

例 2　试考察 8 位食品感官品评员在某种心理压力下个性分值是否有变化，测定结果见表 7-4。试问这位品评员的个性分值是否相同？

表 7-4　8 位感官品评员个性分值及计算表

评员	正常分值(x_1)	压力下分值(x_2)	$d = (x_2 - x_1)$	d 的秩及符号
1	40	10	-10	(-)

续表7-4

评员	正常分值(x_1)	压力下分值(x_2)	$d=(x_2-x_1)$	d 的秩及符号
2	29	32	3	(+)
3	60	20	−20	(−)
4	12	5	−2	(−)
5	25	20	−5	(−)
6	15	0	−15	(−)
7	54	49	−5	(−)
8	23	23	0	剔除
	$n=7$	$T_+=1$	$T_-=27$	

此案例是对同一受试对象处理(正常条件和压力条件)的分值结果进行比较(即自身配对),所以采用配对资料的秩和检验。

建立假设:

H_0:压力对人的个性分值没有影响。

H_1:压力对人的个性分值有影响。

$\alpha=0.05$。

1. Excel 法

如图 7-5 所示。

	A	B	C	D	E	F	G	H	I
1		8个评价员个性分值							
2	评价员	原始分(x_1)	压力下分值(x_2)	差值d	abs(差值)	取精确值		秩次	
3							相同的个数	+	-
4	1	40	10	-30	30	30	1	FALSE	6
5	2	29	32	3	3	3	1	1	FALSE
6	3	60	20	-40	40	40	1	FALSE	7
7	4	12	5	-7	7	7	1	FALSE	4
8	5	25	20	-5	5	5	2	FALSE	2.5
9	6	15	0	-15	15	15	1	FALSE	5
10	7	54	49	-5	5	5	2	FALSE	2.5
11	8	23	23	0	0	0	1	FALSE	FALSE
12									
13	秩和T_+	1							
14	秩和T_-	27							
15	对子数n	7							
16	统计量T	1							
17	$T_{0.05(7)}$	2							

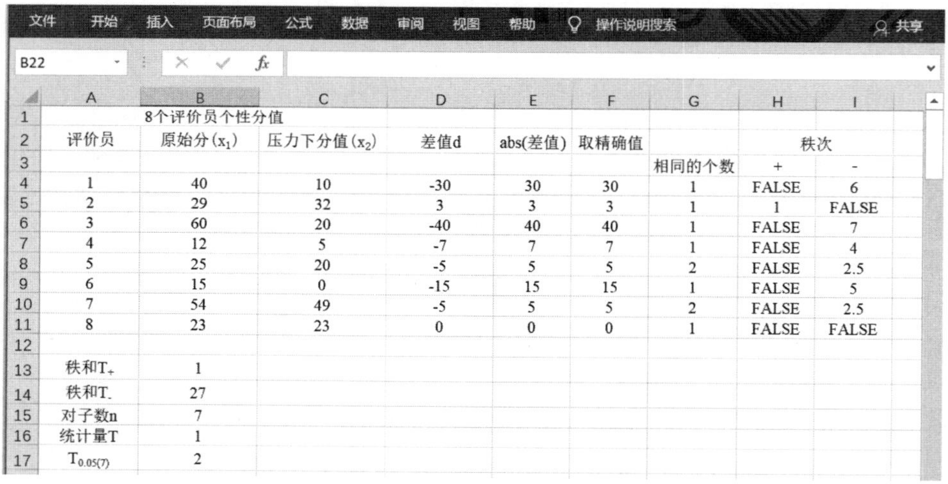

图 7-5 Excel 法

(1)将数据复制到 Excel 表中。

(2)在表中加入列:差值 d,差值绝对值[abs(差值)],取精确值,相同的个数,“+”“−”秩次。

(3)计算方法:

①在单元格 D4 处输入:差值 d=C4−B4,通过下拉操作,得到其他数据的差值。

②在单元格 E4 处输入:abs(差值)＝ABS(D4),通过下拉操作,得到其他数据的差值。

③在单元格 F4 处输入:取精确值＝ROUND(E4,2),通过下拉操作,得到其他数据的精确值。

④在单元格 G4 处输入:相同的个数＝COUNTIF(INDIRECT("F4:F11"),F4),通过下拉操作,得到其他相同个数的数据。

⑤在单元格 H4 处输入:秩次＋＝IF(D4＞0,RANK(F4,INDIRECT("F4:F11"),1)－2+G4＊(G4+1)/2/G4),下拉得到其他结果。

⑥在单元格 I4 处输入:秩次－＝IF(D4＜0,RANK(E4,INDIRECT("E4:E11"),1)－2+G4＊(G4+1)/2/G4,通过下拉得到其他结果。

(4)求秩和:T_+ 和 T_- 的结果分别显示在 B13,B14 单元格中。

(5)对子数 $n=7$,结果显示在 B15 单元格中。

(6)在单元格 B16 处输入:统计量 $T=\min(T_+,T_-)=1$。

(7)查秩和检验界值表,得 $T_{0.05(7)}=2$。本例计算得到的 $T=1$,由于 $T<T_{0.05(7)}=2,P<\alpha$,拒绝 H_0,即心理压力对评价员得个性有显著的影响。

2. R 语言法

```
x<-c(40,29,60,12,25,15,54,23)
y<-c(10,32,20,5,20,0,49,23)
wilcox.test(x,y,paired=T)
```

结果如下所示。

Wilcoxon signed rank test with continuity correction

data: x and y

$V=27,p-value=0.034\ 29$

alternative hypothesis:true location shift is not equal to 0

$P=0.034\ 29<\alpha$,拒绝 H_0,即心理压力对评价员的个性有显著的影响。

(三)成组资料的秩和检验

例 1 研究不同饲料与雌鼠体重增加的关系,资料见表 7-5。问饲料中蛋白含量与雌鼠体重增加有无关系? $\alpha=0.05$。

表 7-5 高蛋白饲料、低蛋白饲料对雌鼠体重的影响
g

饲料	增加的体重											
高蛋白	134	146	104	119	124	161	107	83	113	129	97	123
低蛋白	70	118	101	85	107	132	94					

该案例是雌鼠随机接受不同的实验处理,且两组样本量不同,故采用成组资料的秩和检验。

建立假设:

H_0:高低蛋白饲养对雌鼠体重增加无影响。

H_1:高低蛋白饲养对雌鼠体重增加有影响。

$\alpha=0.05$。

1. Excel 法

如图 7-6 所示。

文件 开始 插入 页面布局 公式 数据 审阅 视图 帮助 告诉我 共享

F14 =SUM(E15:E21)

	A	B	C	D	E	F	G
1	高蛋白组	低蛋白组					
2	增加体重 (1)	增加体重 (3)	总数据	相同个数	秩次	秩和	
3	134	70	134	1	17	高蛋白T2	
4	146	118	146	1	18	140.5	
5	104	101	104	1	7		
6	119	85	119	1	12		
7	124	107	124	1	14		
8	161	132	161	1	19		
9	107	94	107	2	8.5		
10	83		83	1	2		
11	113		113	1	10		
12	129		129	1	15		
13	97		97	1	5	低蛋白T1	
14	123		123	1	13	49.5	
15	n2	n1	70	1	1		
16	12	7	118	1	11		
17			101	1	6		
18			85	1	3		
19			107	2	8.5		
20			132	1	16		
21			94	1	4		

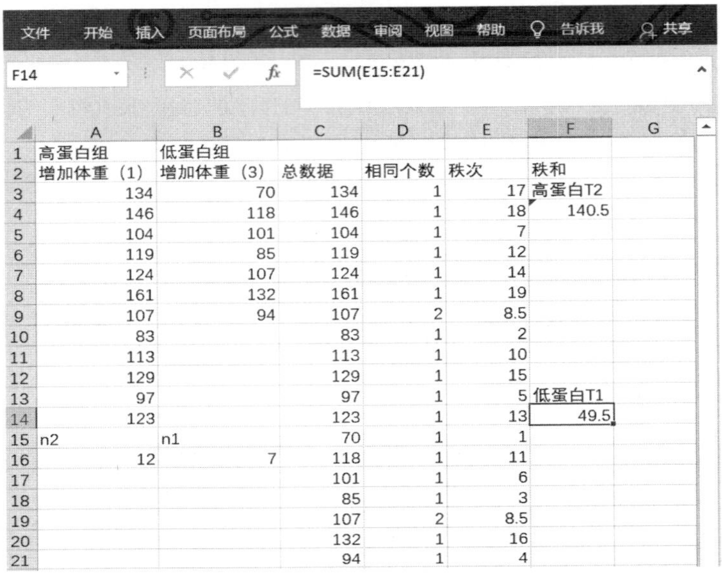

图 7-6 Excel 法

(1)复制数据到 Excel。

(2)添加列:总数据,相同个数,秩次,秩和。

(3)计算方法:

①总数据:将高蛋白组和低蛋白组数据放在一列,便于计算。

②在单元格 D3 处输入:=COUNTIF(INDIRECT("C3:C21"),C3),通过下拉操作得到相同个数列的其他数据。

③在单元格 E3 处输入:=RANK(C3,INDIRECT("C3:C21"),1)-1+D3*(D3+1)/2/D3,然后通过下拉操作,得到本列中的其他秩次。

④在单元格 F4 处输入高蛋白秩和:=SUM(E3:E14);在单元格 F14 处输入低蛋白秩和:=SUM(E15:E21)。

(4)以 n_1 和 n_2 代表两样本组的样本量,并规定 n_1 不大于 n_2,以 n_1 组的秩次和为统计量 T。本例 $n_1=7$,$n_2=12$,$T=49.5$。

根据 n_1,(n_2-n_1)和 α,查界值表,得到界值范围为 49~91。如果统计量 T 在这个范围内,则 $P>\alpha$,差别不显著;相反,如果统计量在这个范围外(包括在这个范围的临界点),则 $P\leqslant\alpha$,差别显著。

本例统计量 $T=49.5$,刚好在界值范围内,则 $P>\alpha$,差别不显著,尚不能认为高、低蛋白饲料能影响雌鼠体重增加。

2. R 语言法

```
x<-c(134,146,104,119,124,161,107,83,113,129,97,123)
y<-c(70,118,101,85,107,132,94)
wilcox.test(x,y,paired=FALSE)
```

结果如下所示。

Wilcoxon rank sum test with continuity correction

data:　x and y

W=62.5,p-value=0.090 83

alternative hypothesis:true location shift is not equal to 0

P=0.090 83>α,差别不显著,尚不能认为高、低蛋白饲料能影响雌鼠体重增加。

例 2　利用原有仪器 A 和新仪器 B 分别检测某物质 30 min 后的溶解度,结果分别为仪器 A(55.7,50.4,54.8,52.3),仪器 B(53.0,52.9,55.1,57.4,56.6),试判断两台仪器测试结果是否一致(α=0.05,双侧)。

该案例中不同仪器随机对样品进行测试,故采用成组资料的秩和检验。

建立假设:

H_0:两台仪器测试结果一致。

H_1:两台仪器测试结果不一致。

α=0.05。

1. Excel 法

如图 7-7 所示。

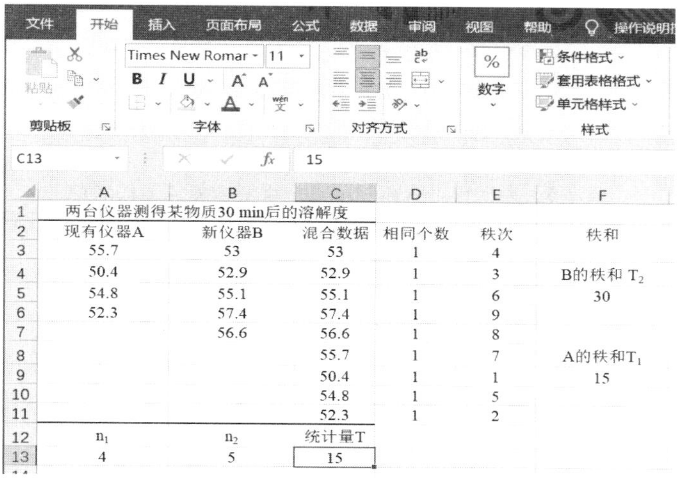

	A	B	C	D	E	F
1	两台仪器测得某物质30 min后的溶解度					
2	现有仪器A	新仪器B	混合数据	相同个数	秩次	秩和
3	55.7	53	53	1	4	
4	50.4	52.9	52.9	1	3	B的秩和 T_2
5	54.8	55.1	55.1	1	6	30
6	52.3	57.4	57.4	1	9	
7		56.6	56.6	1	8	
8			55.7	1	7	A的秩和T_1
9			50.4	1	1	15
10			54.8	1	5	
11			52.3	1	2	
12	n_1	n_2	统计量T			
13	4	5	15			

图 7-7　Excel 法

(1)将数据复制到 Excel 中。

(2)添加数列:混合数据、相同个数、秩次、秩和。

①混合数据:将原有仪器 A 和新仪器 B 测得的溶解度数据放在一起,便于计算。

②在单元格 D3 输入：＝COUNTIF(INDIRECT("C3:C11"),C3)计算相同个数,然后下拉可得到其他对应数据的相同个数。

③在单元格 E3 输入：＝RANK(C3,INDIRECT("C3:C11"),1)－1＋D3＊(D3＋1)/2/D3 计算秩次,下拉得到其他数据对应的秩次。

④在单元格 F5 输入 B 仪器的秩和：＝SUM(E3:E7),在单元格 F9 输入 A 仪器的秩和：＝SUM(E8:E11)。

(3)n_1 和 n_2 代表两样本组的样本量,并规定样本含量较小者(A)的秩次和为统计量 T。本例 $n_1=4,n_2=5,T=15$。

根据 $n_1=4,n_2-n_1=1,T=15,\alpha=0.05$,双侧检验,查临界表得界值范围为 11～29。因为 $T=15$ 在界值范围内,则 $P>\alpha$,即两台仪器测试结果的总体分布一致,可认为仪器 A 和仪器 B 的测试结果一致。

2. R 语言法

```
x<-c(55.7,50.4,54.8,52.3)
y<-c(53.0,52.9,55.1,57.4,56.6)
wilcox.test(x,y,paired＝FALSE)
```

结果如下所示。

Wilcoxon rank sum test

data： x and y

W＝5,p-value＝0.285 7

alternative hypothesis:true location shift is not equal to 0

则 $P=0.285\ 7>\alpha$,即两台仪器测试结果的总体分布一致,可认为仪器 A 和仪器 B 的测试结果一致。

例 3 试用成组设计两样本比较的秩和检验法,比较两种不同的饲料中膳食纤维添加与否对大鼠体重增加的影响,结果见表 7-6。试问饲料中膳食纤维添加与否对大鼠体重的影响是否显著？ $\alpha=0.05$。

表 7-6 饲料中是否添加膳食纤维对大鼠体重的影响

g

饲料	8 周增加的体重											
添加膳食纤维	134	104	119	124	108	83	113	129	97	123	121	130
不添加膳食纤维	109	118	101	100	107	94	99	117	126	102		

建立假设：

H_0:饲料中膳食纤维添加对大鼠体重无影响。

H_1:饲料中膳食纤维添加对大鼠体重有影响。

$\alpha=0.05$。

1. Excel 法

(1)将数据输入到 Excel 表中。

(2)添加数列:混合数据、相同个数、秩次、秩和。

(3)混合数据:将添加膳食纤维与不添加膳食纤维的数据放在一起,便于计算。

①在单元格 D3 输入:=COUNTIF(INDIRECT("C3:C24"),C3),计算相同个数,下拉得到相同个数列的其他数据。

②在单元格 E3 输入:=RANK(C3,INDIRECT("C3:C24"),1)-1+D3 * (D3+1)/2/D3,计算秩次,通过下拉操作得到其他数据的秩次。

③在单元格 F5 输入:=SUM(E3:E14),计算添加膳食纤维饮食组秩次;在单元格 F10 输入:=SUM(E15:E24),计算不添加膳食纤维饮食组秩次。结果如图 7-8 所示。

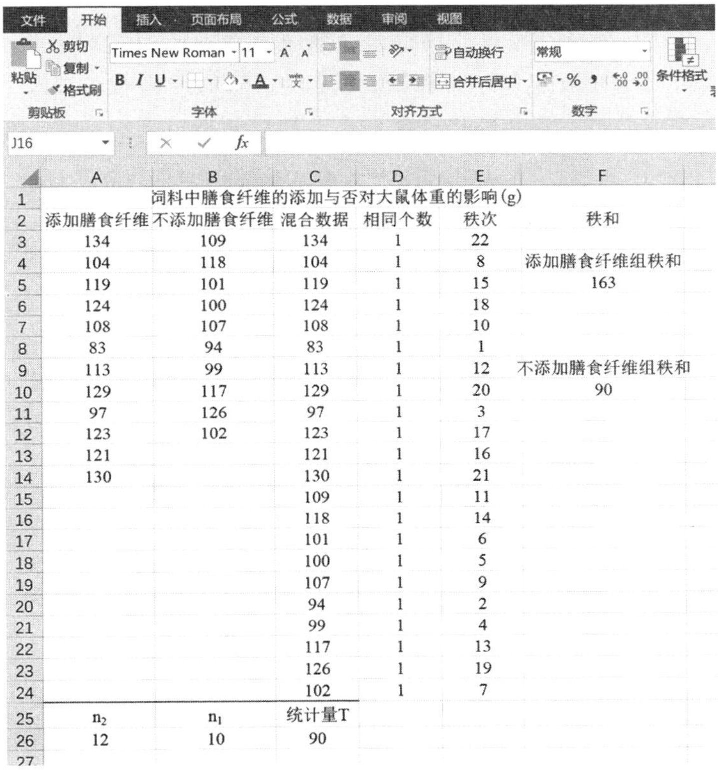

	A	B	C	D	E	F
1	饲料中膳食纤维的添加与否对大鼠体重的影响(g)					
2	添加膳食纤维	不添加膳食纤维	混合数据	相同个数	秩次	秩和
3	134	109	134	1	22	
4	104	118	104	1	8	添加膳食纤维组秩和
5	119	101	119	1	15	163
6	124	100	124	1	18	
7	108	107	108	1	10	
8	83	94	83	1	1	
9	113	99	113	1	12	不添加膳食纤维组秩和
10	129	117	129	1	20	90
11	97	126	97	1	3	
12	123	102	123	1	17	
13	121		121	1	16	
14	130		130	1	21	
15			109	1	11	
16			118	1	14	
17			101	1	6	
18			100	1	5	
19			107	1	9	
20			94	1	2	
21			99	1	4	
22			117	1	13	
23			126	1	19	
24			102	1	7	
25	n_2	n_1	统计量T			
26	12	10	90			

图 7-8　Excel 法

(4)以 n_1 和 n_2 代表两样本组的样本量,并规定 n_1 不大于 n_2,以 n_1 组的秩次和为统计量 T。本例 $n_1=10$,$n_2=12$,$T=90$。

根据 $n_1=10$,$n_2-n_1=2$,$T=90$,$\alpha=0.05$,双侧检验,查临界表得界值范围为 74~146。因为 $T=90$ 在界值范围内,则 $P>\alpha$,即两种饲料的差别不显著,认为饲料中膳食纤维的添加与否对大鼠体重的增加无影响。

2. R 语言法

```
x<-c(134,104,119,124,108,83,113,129,97,123,121,130)
y<-c(109,118,101,100,107,94,99,117,126,102)
wilcox.test(x,y,paired=FALSE)
```

结果如下所示。

Wilcoxon rank sum test

data： x and y

$W = 85, \text{p-value} = 0.107\,2$

alternative hypothesis:true location shift is not equal to 0

则 $P = 0.1072 > \alpha$，差别不显著，即饲料中是否添加膳食纤维不能影响大鼠的体重增加。

(四)等级资料或频数表资料的两样本比较

例 1 某研究者欲评价新保健药品按摩乐口服液治疗高甘油三酯血症的效果,将 189 例高甘油三酯血症患者随机分为两组,分别服用按摩乐口服液和山楂精降脂片,结果见表 7-7。问两种保健药品治疗高甘油三酯血症的疗效有无差别?

表 7-7　两种保健药品治疗高甘油三酯血症的效果

疗效	人数		
	按摩乐口服液	山楂精降脂片	合计
无效	17	70	87
有效	25	13	38
显效	27	37	64
合计	69	120	189

该案例中患者随机分组,故采用成组资料的秩和检验,并根据等级数据求秩次。

建立假设：

H_0:两种保健品疗效相同。

H_1:两种保健品疗效不同。

$\alpha = 0.05$。

1. Excel 法

(1)将数据复制到 Excel 中。

(2)添加数列:合计、秩次范围、平均秩次、按摩乐口服液秩和、山楂精降脂片秩和。

①在 D3 单元格中输入 SUM(B3:C3),计算各组人数之和。

②相同等级的秩次相等,确定各等级的秩次范围,列在 E 与 F 两栏。

③在 G3 单元格输入:=AVERAGE(E3:F3),计算平均秩次,下拉得到其他平均秩次。

④计算各组秩和:在 H3 单元格输入:=B3*G3,计算按摩乐口服液秩和,下拉得到按摩乐口服液的所有秩和;在 I3 单元格输入:=C3*G3,计算山楂精降脂片秩和,下拉得到山楂精降脂片的所有秩和。

⑤按摩乐口服液的总人数利用:=SUM(B3:B5)来计算,结果显示于 B6,又拉至 C6,得到山楂精降脂片的总人数,如图 7-9 所示。

(3)计算统计量。由于样本量大,无法查表求界值,只能用正态分布近似获取。秩次相等的很多,必须校正。

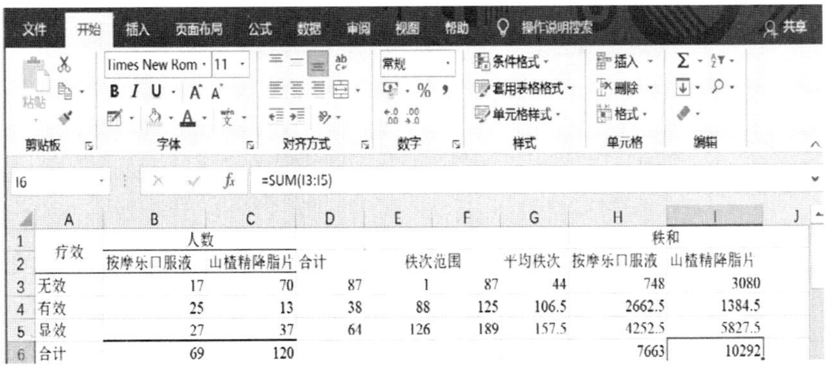

	A	B	C	D	E	F	G	H	I
1	疗效	人数						秩和	
2		按摩乐口服液	山楂精降脂片	合计	秩次范围		平均秩次	按摩乐口服液	山楂精降脂片
3	无效	17	70	87	1	87	44	748	3080
4	有效	25	13	38	88	125	106.5	2662.5	1384.5
5	显效	27	37	64	126	189	157.5	4252.5	5827.5
6	合计	69	120					7663	10292

图 7-9 Excel 的计算结果

$$\mu_T=\frac{69\times(189+1)}{2}=6\ 555。$$

$$z_c=\frac{|7\ 663-6\ 555|-0.5}{\sqrt{\frac{69\times120}{12\times189\times188}\times[189^3-189-(87^3-87+38^3-38+64^3-64)]}}=3.306\ 9。$$

$z_c>1.96$，$P<\alpha$，差别显著，两种药物的疗效不同。

2. R 语言法

```
x<-rep(1:3,c(17,25,27))
y<-rep(1:3,c(70,13,37))
wilcox.test(x,y,paired=FALSE)
```

结果如下所示。

Wilcoxon rank sum test with continuity correction

data: x and y

W=5 248,p-value=0.000 943 2

alternative hypothesis:true location shift is not equal to 0

$P=0.000\ 943\ 2<\alpha$，差别显著，两种药物的疗效不同。

例 2 采用 R-指数法评定两个品牌同种食品 A、食品 B 的风味差异。现有 24 个品评员随机分成两组，每组 12 人。样品为 A 和 B，让品评员进行评定，对该样品做出“可能是 A(A?)”“肯定是 A(A)”“肯定是 B”或“可能是 B(B?)”的判断。每个品评员评定 1 个样品，结果见表 7-8。试检验这两个品牌食品风味的差异。$\alpha=0.01$。

表 7-8 品评员对 A 和 B 的判断结果

项目	A?	A	B	B?
结论序号	1	2	3	4
样品 A	6	4	2	0
样品 B	0	1	4	7

案例中 24 个品评员随机分成两组,对样品 A 和样品 B 进行评定,因此采用成组秩和检验。同时评定分为"A?""A""B?""B"四个等级,可以根据等级计算秩次。

建立假设:

H_0:两个品牌食品风味无差异。

H_1:两个品牌食品风味有差异。

$\alpha = 0.01$

1. Excel 法

(1)将数据复制到 Excel 中。

(2)添加列:合计、秩次范围、平均秩次、样品 A 的秩和 T_A、样品 B 的秩和 T_B。

①合计:=C3+D3,结果显示在 E3 单元格中,下拉得到本列合计的其他数据。

②相同等级的秩次相等,确定各等级的秩次范围,列在 F 与 G 两栏。

③在 H3 单元格输入:=AVERAGE(F3:G3),计算平均秩次,下拉得到其他平均秩次。

(3)然后求秩和:平均秩次乘以各组各等级的人数。

①在 I3 单元格输入 T_A:=C3 * H3,下拉得到样品 A 的所有秩和。

②在 J3 单元格输入 T_B:=D3 * H3,下拉得到样品 B 的所有秩和。

③合计(B7):=SUM(C3:C6),结果显示在 C7 单元格中,右拉得到 D7 单元格中数据;样本 A 的秩和计算 T_A=SUM(I3:I6),结果显示在 I7 单元格中,右拉得到 J7,即样本 B 的秩和 T_B。把样本量较小的样本秩和作为统计量,得到 $T = T_A = 86$。

(4)计算统计量。

现有 $n_1 = n_2 = 12$,$N = n_1 + n_2 = 24$,又因本例中相同秩次者较多,具有相同平均秩次 3.5、9、14.5、21 的个数分别为:$t_1 = 6$、$t_2 = 5$、$t_3 = 6$、$t_4 = 7$。在单元格 H12 中输入矫正项 $\sum (t_i^3 - t_i) = (H8\hat{\ }3 - H8) + (H9\hat{\ }3 - H9) + (H10\hat{\ }3 - H10) + (H11\hat{\ }3 - H11) = 876$

(5)由公式:$u = \dfrac{\left| T - \dfrac{n_1(N+1)}{2} \right| - 0.5}{\sqrt{\dfrac{n_1 n_2 [N^3 - N - \sum (t_i^3 - t_i)]}{12N(N-1)}}}$,在 Excel 中求得 u=(ABS(I7-C7 * (E7+1)/2)-0.5)/SQRT(C7 * D7 * (E7^3-E7-H12)/(12 * E7 * (E7-1)))=3.79。结果如图 7-10 所示。

因为 $u > u_{0.01} = 2.58$,$P < \alpha = 0.01$,拒绝 H_0,即两种品牌的食品 A 和食品 B 的风味差异极显著。

2. R 语言法

```
x<-rep(1:4,c(6,4,2,0))
y<-rep(1:4,c(0,1,4,7))
wilcox. test(x,y,exact = FALSE,paired = FALSE)
```

结果如下所示。

Wilcoxon rank sum test with continuity correction

data: x and y

W＝8,p-value＝0.000 151 6

alternative hypothesis:true location shift is not equal to 0

因为 $P=0.000\ 151\ 6<\alpha=0.01$,拒绝 H_0,即两种品牌食品 A 和食品 B 的风味差异极显著。

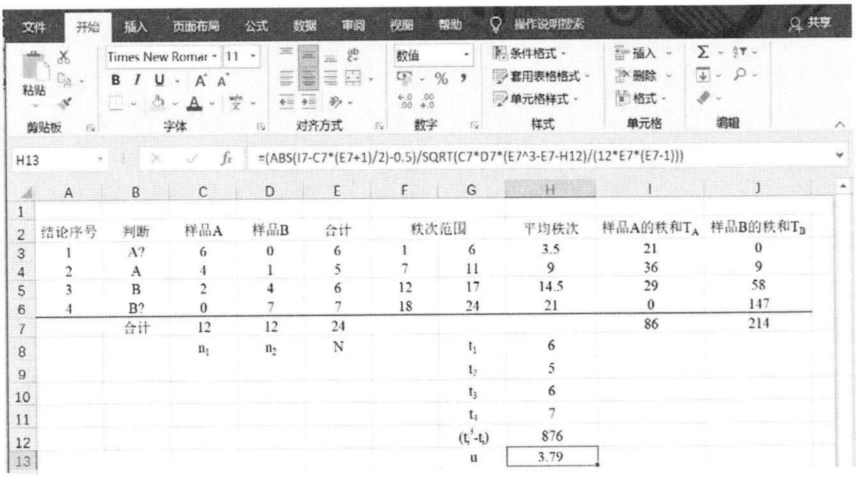

图 7-10　Excel 法

(五)多组资料的秩和检验

使用 H 检验(Kruskal－Wallis test)。

例 1　随机测定三组人的血浆总皮质醇浓度,结果见表 7-9。试问这三组人的血浆皮质醇浓度是否有差别?

表 7-9　三组人的血浆总皮质醇浓度　　　　　　　　　　　　　　　　　μg/dL

组别	血浆总皮质醇测定值									
正常人	0.4	1.9	2.2	2.5	2.8	3.1	3.7	3.9	4.6	7.0
单纯性肥胖	0.6	1.2	2.0	2.4	3.1	4.1	5.0	5.9	7.4	13.6
皮质醇增多症	9.8	10.2	10.6	13.0	14.0	14.8	15.6	15.6	21.6	24.0

案例中测定三组人的血浆总皮质醇浓度,因此采用多组资料的秩和检验。

建立假设:

H_0:三组人血浆总皮质醇浓度相同。

H_1:三组人血浆总皮质醇浓度不同。

$\alpha=0.05$。

1. **Excel 法**

(1)将数据复制到 Excel 中。

(2)增加几列:汇总、相同个数、正常人秩次、单纯性肥胖秩次、皮质醇增多症秩次。

①汇总:将三组数据放在一列中,便于分析。

②在 E3 单元格输入:＝COUNTIF(INDIRECT("D3:D32"),D3),计算相同个数,下拉后

得到所有的相同个数数据。

③在 F3 单元格输入:＝RANK(A3,INDIRECT("D3:D32"),1)－1＋E3 * (E3＋1)/2/E3,得到正常人秩次,下拉得到正常人组所有秩次。

④在 G3 单元格输入:＝RANK(B3,INDIRECT("D3:D32"),1)－1＋E13 * (E13＋1)/2/E13,得到单纯性肥胖秩次,下拉得到单纯性肥胖组所有秩次。

⑤在 H3 单元格输入:＝RANK(C3,INDIRECT("D3:D32"),1)－1＋E23 * (E23＋1)/2/E23,得到皮质醇增多症秩次,下拉得到皮质醇增多症组所有秩次。

(3)计算 T 值和 n 值。

①在 F13 单元格输入:＝SUM(F3:F12),右拉分别得到单纯性肥胖秩次的 T 值和皮质醇增多症秩次的 T 值。

②在 F14 单元格输入:＝COUNT(A3:A12),右拉分别得到单纯性肥胖的 n 值和皮质醇增多症的 n 值。结果如图 7-11 所示。

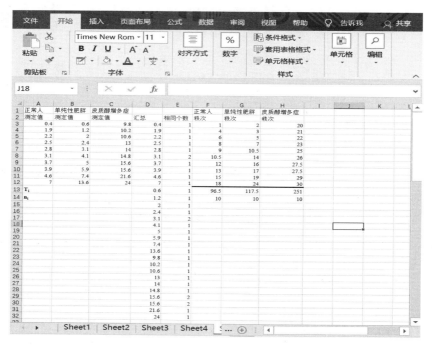

图 7-11　Excel 法

(4)当处理组数(k)不多于 3,各组样本数也不太大时,可查表得到界值。统计量 H 越大,对应的概率值越小。处理组数多于 3 和/或各组样本数太大,不能查得界值,但此时统计量 H 近似自由度 df＝k－1 的 χ^2 分布。

$$H=\frac{12}{30\times31}\left(\frac{96.5^2}{10}+\frac{117.5^2}{10}+\frac{251^2}{10}\right)-3\times31=18.12$$

(5)本例 $k=3,n_1=n_2=n_3=10$,不能查得界值。采用 χ^2 检验,自由度 df＝3－1＝2。

(6)查 χ^2 界值表,得 $\chi^2_{0.05}(2)=5.99$。

$H > \chi^2_{0.05}(2)$，$P < \alpha$，差别显著，可以认为这三种人的血浆总皮质醇含量不同。

2. R 语言法

```
test< -data.frame(x=c(0.4,1.9,2.2,2.5,2.8,3.1,3.7,3.9,4.6,7,0.6,1.2,2,2.4,
3.1,4.1,5,5.9,7.4,13.6,9.8,10.2,10.6,13,14,14.8,15.6,15.6,21.6,24),
a=factor(rep(c("正常","单纯","皮质"),c(10,10,10))))
kruskal.test(x~a,data=test)
```

结果如下所示。

Kruskal-Wallis rank sum test

data： x by a

Kruskal-Wallis chi-squared＝18.13,df＝2,p-value＝0.000 115 6

$P = 0.000\ 115\ 6 < \alpha$，差别显著，可以认为这三种人的血浆总皮质醇含量不同。

例2　为了评定产品质量,对4个饮料厂(A、B、C、D)生产的浓缩广柑汁进行检验。每个厂的送检产品都为5瓶,经检验员评定后按优劣次序排列,结果见表7-10。请问检验各厂生产的产品质量分布是否有差异。$\alpha = 0.05$。

表 7-10　4 个厂生产的浓缩广柑汁质量检验结果排序

厂名	排序				
A	3	5	10	12	14
B	7	11	15	17	18
C	1	2	4	6	8
D	9	13	16	19	20

案例中比较四个厂的产品质量,需采用多组秩和检验。

建立假设：

H_0：四个厂生产浓缩广柑汁质量相同。

H_1：四个厂生产浓缩广柑汁质量不同。

$\alpha = 0.05$。

1. Excel 法

(1)将数据复制到 Excel 中。

(2)增加数列:样本量 n_i、秩和 R_i。

(3)在 G6 单元格中输入:＝SUM(G2:G5),求得总样本量 n 值。

(4)在 H2 单元格中输入:＝SUM(B2:F2),下拉至 H5,得到各个秩和。

(5)在 G8 单元格中输入 H:＝$\dfrac{12}{n(n+1)}\sum R_i^2/n_i - 3(n+1)$,求得 H 值。(12/(G6*(G6+1))) * ((H2^2+H3^2+H4^2+H5^2)/5)-3*(G6+1))＝10.886,得到统计量 H。

(6)本例中材料组数 $k=4$,所以 df＝$k-1=4-1=3$;用 Excel 计算 χ^2 值,在单元格 G10 处输入 $\chi^2_{0.05(3)}$＝CHISQ.INV.RT(G7,G9-1)＝7.81。由 $H > 7.81$,$P < \alpha$,故拒绝 H_0,接受 H_1,即经检验表明 4 个厂生产的浓缩广柑汁质量分布差异显著。结果如图 7-12 所示。

图 7-12 Excel 法

2. R 语言法

```
test< - data.frame(x = c(3,5,10,12,14,7,11,15,17,18,1,2,4,6,8,9,13,16,19,20),a
= factor(rep(c("A","B","C","D"),c(5,5,5,5))))
kruskal.test(x~a,data = test)
```

结果如下所示。

Kruskal-Wallis rank sum test

data：x by a

Kruskal-Wallis chi-squared＝10.886,df＝3,p-value＝0.012 36

可知 $P＝0.012\ 36＜\alpha$，故拒绝 H_0，接受 H_1，即经检验表明 4 个厂生产的浓缩广柑汁质量分布差异显著。

(六)配伍组(随机区组设计)资料

使用 M 检验(Friendman 法)。

例 1 每隔两个月随机抽样检查三个作坊生产的黄豆芽中维生素 C 的含量(mg/100 g)，结果见表 7-11。试问这三个作坊生产的黄豆芽维生素 C 含量有无不同？

表 7-11 三个作坊生产的黄豆芽中维生素 C 含量

mg/100 g

采样时间	甲作坊	乙作坊	丙作坊
2 月	11.4	5.8	3.5
4 月	6.4	8.6	7.5
6 月	11.2	7.0	9.8
8 月	13.8	10.8	10.4
10 月	7.3	8.8	9.3
12 月	8.3	6.2	2.5

案例中比较三个作坊的黄豆芽维生素 C 含量,而不同时间黄豆的质量也不一样,因此采用配伍组资料的秩和检验。

建立假设:

H_0:三个作坊生产的黄豆芽维生素 C 含量相同。

H_1:三个作坊生产的黄豆芽维生素 C 含量不同。

$\alpha = 0.05$。

1. Excel 法

(1)将数据复制到 Excel 中。

(2)并加列:甲秩次,乙秩次,丙秩次。

①在 E2 单元格中输入:=RANK(B2,INDIRECT("B2:D2"),1),得到 2 月甲秩次,右拉分别得到乙秩次和丙秩次。

②在 E3 单元格中输入:=RANK(B3,INDIRECT("B3:D3"),1),得到 4 月甲秩次,右拉得到乙、丙的秩次。

③在 E4 单元格中输入:=RANK(B4,INDIRECT("B4:D4"),1),得到 6 月甲秩次,右拉得到乙、丙的秩次。

④在 E5 单元格中输入:=RANK(B5,INDIRECT("B5:D5"),1),得到 8 月甲秩次,右拉得到乙、丙的秩次。

⑤在 E6 单元格中输入:=RANK(B6,INDIRECT("B6:D6"),1),得到 10 月甲秩次,右拉得到乙、丙的秩次。

⑥在 E7 单元格中输入:=RANK(B7,INDIRECT("B7:D7"),1),得到 12 月甲秩次,右拉得到乙、丙的秩次。

(3)在 E8 单元格中输入:=SUM(E2:E7),计算秩和,右拉得到其他组秩和。

(4)在 E9 单元格中输入:=SUM(INDIRECT("E8:G8"))/3,计算每组平均秩和,右拉得到其他组的平均秩和。

(5)在 E10 单元格中输入$(R_i - R)^2$:=(E8-E9)^2,右拉得到甲秩次、乙秩次、丙秩次的$(R_i - R)^2$。

(6)$M = 4 + 0 + 4 = 8$,结果显示在 H10 单元格中,如图 7-13 所示。

	A	B	C	D	E	F	G	H	I
1	采样时间	甲作坊	乙作坊	丙作坊	甲秩次	乙秩次	丙秩次		
2	2月	11.4	5.8	3.5	3	2	1		
3	4月	6.4	8.6	7.5	1	3	2		
4	6月	11.2	7	9.8	3	1	2		
5	8月	13.8	10.8	10.4	3	2	1		
6	10月	7.3	8.8	9.3	1	2	3		
7	12月	8.3	6.2	2.5	3	2	1		
8				各组秩和Ri	14	12	10		
9				各组平均秩和R	12	12	12		
10				(Ri-R)²	4	0	4	8 (即M)	

图 7-13 Excel 法

本例，$M=8$，以配伍组数 b 和处理组数 k，查界值。M 越大，所对应的概率 P 越小。如果配伍组数和/或处理组数超出界值表，则可计算：$\chi_R^2 = \dfrac{12M}{b*k*(k+1)}$，$\chi_R^2$ 近似自由度 $df=k-1$ 的 χ^2 分布。

本例，$b=6$，$k=3$，查界值表得到 $M0.05(3,6)=42$。$M<M0.05(3,6)$，$P>\alpha$，差别不显著，尚不能认为这三个作坊生产的黄豆芽中维生素 C 含量不同。

2. R 语言法

```
check< - matrix(c(11.4,6.4,11.2,13.8,7.3,8.3,5.8,8.6,7,10.8,8.8,6.2,3.5,7.5,
9.8,10.4,9.3,2.5),nrow = 6,byrow = FALSE,dimnames = list(1:6,c("one","two","
three")))
friedman.test(check)
```

结果如下所示。

Friedman rank sum test

data： check

Friedman chi-squared$=1.3333$，df$=2$，p-value$=0.5134$

$P=0.5134>\alpha$，差别不显著，尚不能认为这三个作坊生产的黄豆芽中维生素 C 含量不同。

(七)多个样本两两比较的秩和检验

完全随机设计资料：用 Nemenyi 法，类似于方差分析两两比较的 q 检验，在 Excel 中操作比较复杂，建议直接采用 R 语言法。

例 1 上述操作案例(五)多组资料的秩和检验例 1 中三种人的血浆总皮质醇浓度，经检验不相同。试问谁和谁相同？谁和谁不同？

R 语言法

```
test< - data.frame(
    x = c(0.4,1.9,2.2,2.5,2.8,3.1,3.7,3.9,4.6,7,0.6,1.2,2,2.4,3.1,4.1,5,5.9,
        7.4,13.6,9.8,10.2,10.6,13,14,14.8,15.6,15.6,21.6,24),
    a = factor(rep(c("正常","单纯","皮质"),c(10,10,10))))
install.packages("PCMCMR")                    # 此工具要用 PCMCMR 包,要先安装
require(PMCMR)                                 # 调用 PCMCMR 包
posthoc.kruskal.nemenyi.test(x = test $ x,g = test $ a,method = "Tukey")
```

结果如下所示。

Pairwise comparisons using Tukey and Kramer(Nemenyi)test

with Tukey-Dist approximation for independent samples

data： test $ x and test $ a

	单纯	皮质
皮质	0.00201	—

正常   0.854 90   0.000 26

因此,正常人与单纯性肥胖的血浆总皮质醇相同,皮质醇增多症与正常人和单纯性肥胖的血浆总皮质醇不同。

例 2 为了评定产品品质,对 4 个饮料厂(A、B、C、D)生产的浓缩广柑汁进行检验。每个厂送检的产品都为 5 瓶,经检验员评定后按优劣次序排列见表 7-12。试对 4 个样本进行两两比较。

表 7-12   4 个厂生产的浓缩广柑汁品质检验结果排序

厂名	排序					T_j
A	3	5	10	12	14	44
B	7	11	15	17	18	68
C	1	2	4	6	8	21
D	9	13	16	19	20	77

R 语言法

```
group< - gl(4,5,labels = c("A","B","C","D"))
rank< - c(3,5,10,12,14,7,11,15,17,18,1,2,4,6,8,9,13,16,19,20)
krusdata< - data. frame(group,rank)
library(PMCMR)                    # 调用 PMCMR 包
posthoc. kruskal. nemenyi. test(rank~group,data = krusdata)
```

结果如下所示。

Pairwise comparisons using Tukey and Kramer(Nemenyi)test with Tukey-Dist approximation for independent samples

     data： rank by group

	A	B	C
B	0.574	—	—
C	0.608	0.058	—
D	0.291	0.963	0.015

P value adjustment method：none

除了 C 饮料厂与 D 饮料厂的浓缩广柑汁品质差异显著,其他各厂之间差异均不显著。

第八章

直线回归与相关

前面章节讨论的统计方法,通常只涉及一个变量。而许多场合下需要研究事物之间的关系,以说明事物发生、发展及变化的原因或变量间依存变化的数量关系,如温度与微生物生长情况、药物的剂量与康复率、蛋白质含量与吸光值之间的关系等。要分析变量间存在的关系,可采用回归(regression)和相关(correlation)分析方法。

一、知识点

(一)回归与相关的概念

回归关系是指现象之间存在的依存关系中,对于某一变量的每一数值,都有另一变量值与之相对应,并且这种依存关系可用一个数学表达式反映出来。

相关关系是指现象之间存在的非严格的、不确定的变化关系。当变量 x 的值确定后,变量 y 却是一个随机变量,即它们之间既有密切的关系,又无法由一个变量的取值精确地定出另一变量的值。在一定范围内,对一个变量的任一数值(x_i),虽然没有另一变量的一个确定数值 y_i 与之对应,但是却有一个特定的 y_i 条件概率分布与之对应。相关关系不等同于因果和依存关系。

(二)直线回归与直线相关的关系建立

回归与相关探讨的都是两个或多个变量之间的关系。变量间的相互关系,常见的有依存关系和平行关系。依存关系中,一个变量的变化受另一个或几个变量的制约。相关关系中,两个变量表现为伴随变化而不清楚其依存关系或影响因素。

1. 回归分析(regression analysis)

如果两个变量的关系属于依存关系,例如温度上升导致微生物生长加速,蛋白质含量增加使得紫外吸收峰值增大等,一般用回归分析来研究。对于自变量 x 的每一个可能值 x_i,都有随机因变量 y_i 的分布与之对应,可利用直线回归方程来描述 x 与 y 的关系:$\hat{y}=a+bx$。

其中,$\hat{y}$ 为与 x 值相对应的因变量 y 的点估计值;a 为当 $x=0$ 时,$\hat{y}$ 的值,即回归截距;b 为直线回归的斜率,称为回归系数,即自变量改变一个单位,因变量平均增加或减少的单位数。

为了使 $\hat{y}=a+bx$ 能最好地反映 x 与 y 变量间的数量关系,根据最小二乘法,a 与 b 应使因变量的观测值与回归估计值的差值平方和最小,$Q=\sum_{1}^{n}(y-\hat{y})^2=\sum(y-a-bx)^2$。根据极值原理,得到:$\frac{dQ}{da}=-2\sum(y-a-bx)=0$,$\frac{dQ}{db}=-2\sum(y-a-bx)=0$,从而整理得到:$a=\bar{y}-b\bar{x}$,$b=\dfrac{\sum(x-\bar{x})(y-\bar{y})}{\sum(x-\bar{x})^2}=\dfrac{l_{xy}}{l_{xx}}$。

2. 直线相关(linear correlation)

如果 x 与 y 之间无自变量与因变量之分,并且两变量都有随机误差,若对于任一随机变量的可能值,另一随机变量都有一个确定的分布与之对应,对这两个变量间的直线关系进行相关分析称为直线相关分析。

直线相关分析只需了解两个变量的相关程度及相关性质。对于两个正态分布变量,它们的相关程度和性质可以用相关系数（correlation coefficient）来描述。样本相关系数 r 值为：

$$r = \frac{\sum (x - \bar{x}) * (y - \bar{y})}{\sqrt{\sum (x - \bar{x})^2 * \sum (x - \bar{x})^2}} = \frac{l_{xy}}{\sqrt{l_{xx} * l_{yy}}} \circ$$

相关系数 r 量化相关性分析中两个变量之间线性关系强度。r 的绝对值为 1 时，两变量是绝对相关；当 $r = 0$ 时，两变量绝对无关或完全无关；当 $r > 0$ 时两变量为正相关；当 $r < 0$ 时，两变量为负相关。

直线相关关系包括普通直线相关（pearson 相关）和等级相关（spearman 相关）。普通相关是根据两个变量的实际值计算相关系数，并要求两个变量都服从正态分布。等级相关是指两个变量之间以等级排列次序建立的相关关系，此时两个变量相应的总体并不一定服从正态分布。

3. 散点图与相关性

为了看出变量 x 和 y 间的关系，一种常用的也是较直观的办法是在直角坐标系中描出点 (x_i, y_i) 的图形，称为散点图。从散点图可以看出：①两个变量间有关或无关，若有关，两个变量间关系类型，是直线型还是曲线型；②两个变量间直线关系的性质（是正相关还是负相关）和程度（是相关密切还是不密切）。

散点图能直观地、定性地表示了两个变量之间可能的关系，便于后续进一步进行回归分析或相关分析。

4. 直线回归与直线相关的区别与联系

（1）区别

①资料要求不同：直线相关分析要求两个变量都是正态分布。回归分析要求因变量服从正态，自变量容易被控制。

②统计意义不同：直线回归反映两变量间的依存关系。直线相关分析反映的两变量是相互线性伴随变化关系。

③分析目的不同：直线回归的分析目的是将自变量与因变量间的关系用函数公式表达出来，可用于预测和控制。直线相关的分析目的是研究有一定联系的两个变量之间是否存在相关关系。

（2）联系

①相关系数和回归系数符号一致。

②对于同一样本假设检验等价。

③r 与 b 值可相互换算。

④可用回归分析解释相关。

（三）直线回归和相关的假设检验

1. 直线回归的假设检验

在假定 (x, y) 满足回归方程的线性模型的条件下，得到了回归方程 $\hat{y} = a + bx$，回归系数 b 有抽样误差，需作假设检验，检验 b 是否是从回归系数为 0 的假设总体（$\beta = 0$）中随机抽取的，需要检验假设 $H_0 : \beta = 0$ 是否成立，可以用 F 检验和 t 检验。

(1)平方和与自由度的分解

数据 $y_1, y_2, \cdots, y_n$ 之间的差异一般由两种原因引起,一种是当 y 与 x 间确定有线性关系的时候,由于 x 的取值 $x_1, x_2, \cdots, x_n$ 的不同引起 y 值的不同;另一种是由于随机因素引起的变化。因变量 y 的总变异 $(y_i - \bar{y})$ 是由 y 与 x 之间存在直线关系引起的变异 $(\hat{y}_i - \bar{y})$ 与偏差 $(y_i - \hat{y}_i)$ 两部分构成,即 $(y_i - \bar{y}) = (\hat{y}_i - \bar{y}) + (y_i - \hat{y}_i)$。

$$\text{平方和分解定理} \begin{cases} SS_y = \sum_{i=1}^{n}(y_i - \bar{y})^2 \text{(总平方和)} \\ SS_r = \sum_{i=1}^{n}(y_i - \hat{y}_i)^2 \text{(离回归平方和)} \\ SS_R = \sum_{i=1}^{n}(\hat{y}_i - \bar{y})^2 \text{(回归平方和)} \end{cases}$$

$SS_y = SS_r + SS_R$。其中 SS_y 是因变量 y 的离均差平方和,其自由度为 $df_y = n-1$;SS_r 为离回归平方和,其自由度为 $df_r = n-2$;SS_R 反映了由 x 对 y 线性影响引起数据 y_i 的波动,又称为回归平方和,其自由度为 $df_R = 2-1 = 1$。因此,$df_y = df_R + df_r$。通常称 $\dfrac{SS_R}{dfR} = MS_R$ 为回归均方(mean square of regression)。

(2)对回归方程的 F 检验

对直线回归关系方程的检验,可进行 F 检验,即 $F = \dfrac{SS_R/1}{SS_r/(n-2)} = \dfrac{MS_R}{MS_r}$,统计量 F 为服从自由度 $df_1 = 1, df_2 = n-2$ 的 F 分布。如在统计学上具有显著性的意义,即直线回归方程成立;反之则回归方程不成立。

(3)对回归系数的 t 检验

对直线回归关系的检验也可以通过对回归系数 b 的 t 检验,对回归系数 t 的无效假设 $H_0: \beta = 0$,备择假设为 $H_1: \beta \neq 0$,检验的统计量 t 为 $t = \dfrac{|b - \beta|}{S_b} = \dfrac{b}{S_b}$,其中,$S_b$ 是回归系数的标准误差,$S_b = \dfrac{S_{yx}}{\sqrt{\sum(x-\bar{x})^2}} = \dfrac{S_{yx}}{\sqrt{l_{xx}}}$,$S_{yx} = \sqrt{\dfrac{\sum(y-\hat{y})^2}{n-2}}$。

统计量 t 为服从自由度为 $n-2$ 的 t 分布。在直线回归分析中 F 检验与 t 检验是等价的。

2. 相关系数的假设检验

根据实际观测值计算得来的相关系数 r 是样本相关系数,是双正态变量总体中的总体相关系数 ρ 的估计值。样本相关系数 r 是否来自 $\rho \neq 0$ 的总体,还需要对样本相关系数 r 进行显著性检验。此时无效假设 $H_0: \rho = 0$,备择假设为 $H_1: \rho \neq 0$:

对样本的相关系数进行检验:$t = \dfrac{|r-0|}{\sqrt{\dfrac{1-r^2}{n-2}}} = \dfrac{r}{\sqrt{\dfrac{1-r^2}{n-2}}}$,服从自由度为 $n-2$ 的 t 检验。

(四)直线回归方程的应用

1. 描述两个变量的依存关系

可利用直线回归方程描述 x 与 y 两个变量之间的依存关系。

2. 预测(forecast)

在自变量 x 的观测范围内对因变量 y 进行估计,也就是将自变量 x 代入回归方程并对因变量 y 进行估计。

(1)条件均值及其可信区间

当已知自变量的某一个取值时,将该取值带入回归方程中,便可求得对应因变量的估计值,该估计值是对给定自变量条件下平均值的估计,是条件均值。要得到条件均值的可信区间,首先计算该估计值的标准误差 $S_{\hat{y}} = S_{y \cdot x} * \sqrt{\dfrac{1}{n} + \dfrac{(x_0 - \overline{x})^2}{\sum (x - \overline{x})^2}}$,然后根据 t 分布理论,估计条件均值的可信区间为:$\hat{y} \pm t_{\frac{a}{2},(n-2)} * S_{\hat{y}}$。

(2)个体因变量的容许区间

当已知自变量的某一个取值,需要通过回归方程求得个体因变量值的估计值。该估计值要得到个体因变量的容许区间,首先计算个体因变量值的标准误差 $S_y = S_{y \cdot x} * \sqrt{1 + \dfrac{1}{n} + \dfrac{(x_0 - \overline{x})^2}{\sum (x - \overline{x})^2}}$。进而根据 t 分布理论,估计个体因变量的容许区间为 $\hat{y} \pm t_{\frac{a}{2},(n-2)} * S_y$。

3. 控制(control)

控制是利用回归方程进行的逆运算,是由因变量 y 的取值范围反推自变量 x 取值范围的问题。通过控制自变量 x 的取值来限定因变量 y 在一定范围内的波动。

二、操作要点

(一)直线回归

1. 回归方程的建立及显著性检验

(1)Excel 法

将数据汇总到 Excel 中,单击插入菜单,选择散点图。添加趋势线类型,选择线性、显示公式、显示 R^2 值。数据菜单→数据分析工具→回归,设置置信度区间及输出区域,并对回归系数进行 F 检验或 t 检验,$P < \alpha$ 时,说明该回归方程具有统计学意义。

(2)R 语言法

在 R 语言中,lm()函数可以完成多元线性回归系数的估计、回归系数和回归方程的检验等工作,其使用格式为:lm(formula,data,…),其中 formula 为模型公式,采用 $y \sim x_1 + x_2$ 的形式,$\sim$ 左边为因变量,右边为各个预测变量,预测变量之间用+符号分隔。利用 summary() 命令获得回归方程中回归系数、截距,以及回归系数的假设检验。如果 $P < \alpha$,说明该回归方程具有统计学意义。

2. 预测估计值、估计区间和置信区间

(1)Excel 法

用 Excel 对给定的自变量 x,估计其对应 y 总体的均值(期望),对 y 的一个可能取值进行预测。在 Excel 中将自变量 x 的数据输入后,根据回归方程和相关公式进行计算。

（2）R语言法

利用 predict(object, newdata, interval = "confidence" or "prediction", level = 0.95)。其中，object 为 lm() 函数得到的回归方程；newdata 为数据框，由预测点构成；参数 interval = "prediction" 求该点的置信区间，而 interval = "confidence" 求该点平均值的置信区间；level 是该区间的预测水平。

3. 控制

（1）Excel 法

在 Excel 中录入回归方程，选择数据选项→模拟分析→单变量求解→目标单元格选择录入的回归方程，输入目标值，限定可变单元格的位置，确定求解即可。

（2）R语言法

利用回归方程进行的逆运算，即由因变量 y 的取值范围反推自变量 x 取值范围。在 R 语言中，既可以用 uniroot() 函数进行方程求解，也可利用 chemCal 数据包中的 inverse.predict() 命令进行回归方程逆运算。

（二）直线相关

（1）Excel 法

输入两组样本数据，单击数据菜单→数学分析工具→相关系数，计算样本相关系数 r，并对相关系数进行 t 检验：$t = \dfrac{|r|}{\sqrt{\dfrac{1-r^2}{n-2}}}$。如 $P < \alpha$，差异显著，则两样本数据存在线性相关关系。

（2）R语言法

在 R 语言中，利用函数 cor.test(x, y, method = c("pearson", "kendall", "spearman")) 对成对数据进行相关性系数的计算和检验。其中 x, y 是共检验的样本，method 为相关系数 r 的检验方法，默认值为 pearson。如 $P < \alpha$，差异显著，则两样本数据存在线性相关关系。

三、操作案例

（一）直线回归(linear regression)

例1　20 名糖尿病病人的血糖含量(mg/100 mL)与胰岛素含量(μU/100 mL)的测定值见表 8-1。

表 8-1　20 名糖尿病病人的血糖水平与胰岛素水平

病历号	1	2	3	4	5	6	7	8	9	10
胰岛素水平(μU/100 mL)	15.2	16.7	11.9	14	19.8	16.2	17	10.3	5.9	18.7
血糖水平(mg/100 mL)	220	262	221	217	142	200	188	240	353	163
病历号	11	12	13	14	15	16	17	18	19	20
胰岛素水平(μU/100 mL)	25.1	16.4	22	23.1	23.2	25	16.8	11.2	13.7	24.4
血糖水平(mg/100 mL)	116	171	183	151	153	139	205	195	225	166

(1)试以血糖含量为因变量,胰岛素含量为自变量绘制散点图并建立直线回归方程。

1. Excel 法

(1)方法一　作图的方式,如图 8-1 所示。

①将数据复制到 Excel 中。

②将相同类数据汇总到相同列中。

③单击插入菜单,选择散点图。

④在图片框中,右击,选择数据。

⑤图表数据区域,选择胰岛素列和血糖列。

⑥系列名称选择胰岛素和血糖。

⑦X 轴系列值选择胰岛素的数据。

⑧Y 轴系列值选择血糖的数据。

⑨确定,即可得到散点图。

⑩单击图中的点,右击,选择添加趋势线。

⑪类型选择线性,显示公式,显示 R^2。

即得到直线回归方程为 $y = -8.260\,9x + 338.66$。

注意:添加坐标轴标题。

⑫单击图。

⑬选择布局菜单里的坐标轴标题工具。

⑭主要横坐标标题,单击坐标轴下方标题,填入胰岛素含量。

⑮主要纵坐标标题,单击旋转过的标题,填入血糖含量。

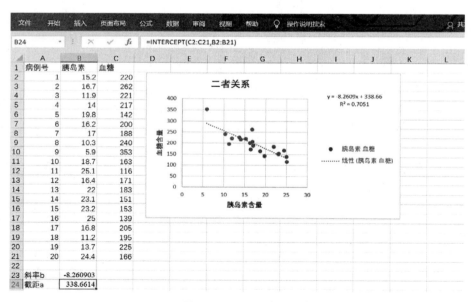

图 8-1　Excel 作图法

(2)方法二　在 Excel 里直接求斜率和截距。

①在 B23 单元格处输入:=LINEST(C2:C21,B2:B21),结果为斜率 b 的取值。

②在 B24 单元格处输入:=INTERCEPT(C2:C21,B2:B21),结果为截距 a 的取值。

因此，回归方程为 $y=-8.2609x+338.66$。

(3)方法三　应用数学分析工具。

①将数据复制到 Excel 里。

②选择数据菜单，选择数据分析工具，选择回归，单击“确定”按钮。

③Y 值输入区域：血糖列。

④X 值输入区域：胰岛素列。

⑤选择标志(L)显示表头。

⑥置信度：95%。

⑦输出区域：选择数据区域旁边的空单元格。

⑧确定。

建立假设：

H_0：回归系数 $\beta=0$(回归方程不成立)。

H_1：回归系数 $\beta\neq0$(回归方程成立)。

$\alpha=0.05$。

由图 8-2 可得：

斜率 $b=-8.2609$，截距 $a=338.66$。

直线回归方程为 $y=-8.2609x+338.66$。

假设检验：

$F=37\,231.889\,98$，$P=3.650\,94\text{e}-06<\alpha$。

$t=-6.560\,455\,7$，$P=3.650\,94\text{e}-06<\alpha$。

说明该回归方程具有统计学意义。

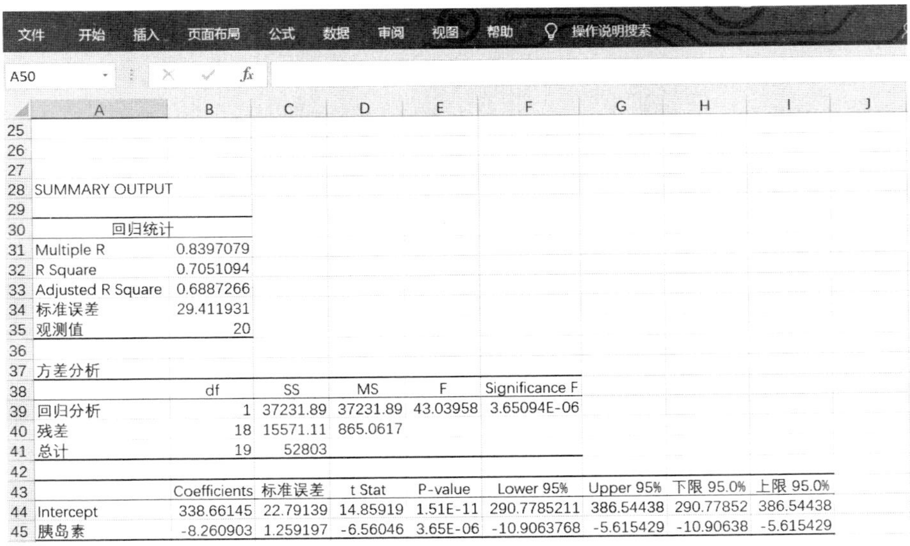

SUMMARY OUTPUT

回归统计	
Multiple R	0.8397079
R Square	0.7051094
Adjusted R Square	0.6887266
标准误差	29.411931
观测值	20

方差分析

	df	SS	MS	F	Significance F
回归分析	1	37231.89	37231.89	43.03958	3.65094E-06
残差	18	15571.11	865.0617		
总计	19	52803			

	Coefficients	标准误差	t Stat	P-value	Lower 95%	Upper 95%	下限 95.0%	上限 95.0%
Intercept	338.66145	22.79139	14.85919	1.51E-11	290.7785211	386.54438	290.77852	386.54438
胰岛素	-8.260903	1.259197	-6.56046	3.65E-06	-10.9063768	-5.615429	-10.90638	-5.615429

图 8-2　Excel 计算回归分析结果

注意：本题截距(Intercept)的假设检验 $P<\alpha$，具有显著性；如果截距 $P>\alpha$，则需要做无截距的回归分析，即在回归分析工具中，勾选“常数为零”选项。

(2)当胰岛素水平为 15 时,血糖的平均水平为多少?

这是一个条件均值的估计和预测。

将 $x=15.00$ 代入求得的回归方程便得此时的条件平均估计值,$\hat{y}=338.6614-8.2609 * 15=214.75$。

剩余标准差为 $S_{yx}=\sqrt{\dfrac{\sum(y-\hat{y})^2}{n-2}}=29.4119$。

条件均值的标准误差为 $S_{\hat{y}}=S_{yx}*\sqrt{\dfrac{1}{n}+\dfrac{(x_0-\bar{x})^2}{\sum(x-\bar{x})^2}}=29.4119*\sqrt{\dfrac{1}{20}+\dfrac{(15-17.33)^2}{545.582}}=$

7.2015。其中,$\sum(x-\bar{x})^2$ 在 Excel 中的求法为:用 mean() 函数求出 x 的平均值 $\bar{x}$,然后计算每个 x 值与 $\bar{x}$ 的差值即$(x-\bar{x})$,求出$(x-\bar{x})^2$,最后用求和函数 SUM() 求出 $\sum(x-\bar{x})^2$ 的值。

此时条件均值的 95% 可信区间为 $\hat{y}\pm t_{a/2(n-2)}*S_{\hat{y}}$,$t_{a/2(n-2)}=t_{0.025(18)}=$ TINV(0.025,18)$=$
2.101

$\hat{y}\pm t_{a/2(n-2)}*S_{\hat{y}}=214.75\pm2.101\times7.2015=(199.6,229.6)$。

故当胰岛素水平为 15.00 时,血糖平均为 214.75(199.6,229.6)mg/100 mL。

(3)根据以上血糖与胰岛素资料所建立的简单线性回归方程,问欲将一名糖尿病病人的血糖水平控制在正常范围的上限(即 120 mg/100 mL)以内时,该病人血中胰岛素应保持在什么水平?

这是利用回归方程进行逆运算,属于控制问题。

将个体病人血糖控制在 120 mg/100 mL 以内,是个体值估计的逆运算,可信区间估计时应用了单侧估计,用 y 的上限公式。

取 $\alpha=0.05$,已知 $n=20$,计算得 $t_{0.05(18)(\text{单侧})}=$ TINV(0.05 * 2,18)$=1.734$。

由以上分析得到 $y=-8.2609x+338.66$,剩余标准差为 $S_{yx}=29.4119$。

$$120=\hat{y}+t_{0.05(18)(\text{单侧})}*S_{yx}$$

$$120=(338.6614-8.2609x)+1.734*29.4119*\sqrt{1+\dfrac{1}{20}+\dfrac{(x-17.33)^2}{545.582}}$$

用 Excel 的单变量求解方式来解这个方程,求出 x 的值(图 8-3)。

(1)如图 8-3 所示,分别设定。

图 8-3　Excel 求解 x

①变量 x:B2。

②公式:B3=(338.661 4−8.260 9 * B2)+1.734 * 29.411 9 * SQRT(1+1/20+(B2−17.33)^2/545.582)。

(2)单击数据菜单,选择假设分析工具,选择单变量求解。

(3)其中:目标单元格为公式 B3;目标值为 120;可变单元格为 B2。

(4)确定,即得 $x=34.2$。

即当胰岛素维持在 34.2 时,就可将病人的血糖控制在 120 mg/100 mL 以内。

2. R 语言法

此部分内容是利用 R 语言分析工具来进行例 1 的分析工作,分别是回归方程的建立、预测和控制。

(1)建立回归方程

```
insulin<−c(15.2,16.7,11.9,14,19.8,16.2,17,10.3,5.9,18.7,25.1,16.4,22,23.1,
23.2,25,16.8,11.2,13.7,24.4)
blood_sugar<−c(220,262,221,217,142,200,188,240,353,163,116,171,183,151,153,
139,205,195,225,166)
reg<−lm(blood_sugar~insulin)#      应变量在前面,自变量在后面
```

结果如下所示。

Coefficients:

	Estimate	Std. Error	t value	Pr(>|t|)
(Intercept)	338.661	22.791	14.86	1.51e−11 ***
insulin	−8.261	1.259	−6.56	3.65e−06 ***

由结果可知:

斜率 $b=-8.261$,截距 $a=338.661$。

直线回归方程为 $y=-8.261x+338.661$。

假设检验

建立假设:

H_0:回归系数 $\beta=0$(回归方程不成立)。

H_1:回归系数 $\beta\neq0$(回归方程成立)。

$\alpha=0.05$。

$t=-6.56,P=3.650\ 94e-06<\alpha$。

说明该回归方程成立,具有统计学意义。

注意:本题截距的假设检验 $P=1.51e-11$,具有显著性,如果截距假设检验的 $P>0.05$,截距没有显著性意义,则需要做无截距的回归分析,R 语言代码为 reg<−lm(blood_sugar~insulin+0)或 reg<−lm(blood_sugar~insulin−1)。

(2)预测

```
insulin<−15
predict(reg,data.frame(insulin),interval="confidence",level=0.95)
```

在函数 predict 中,参数 interval＝"prediction"求该点的置信区间,＝"confidence"求该点平均值的置信区间。level 则是该区间的预测水平。

结果如下所示。

```
        fit           lwr          upr
1     214.747 9     199.618 2     229.877 6
```

故当胰岛素水平为 15.00 时,血糖平均为 214.75(199.6,229.6)mg/100mL。

（3）控制

```
f1< - function(x)(338.6614 - 8.2609 * x) + 1.734 * 29.4119 * sqrt(1 + 1/20 + (x -
17.33)^2/545.582) - 120
root< - uniroot(f1,c(0,100),tol = 0.1)    # 方程求解,类似于 Excel 的单变量求解
root $ root
```

结果如下所示。

[1]34.21336

当胰岛素维持在 34.2 时,就可将病人的血糖控制在 120mg/100mL 以内。

例 2　设计食品感官评定时,测得食品甜度与蔗糖质量分数的关系如表 8-2 所示。

表 8-2　某食品甜度与蔗糖质量分数

蔗糖质量分数(x)/%	1.0	3.0	4.0	5.5	7.0	8.0	9.5
甜度(y)	15.0	18.0	19.0	21.0	22.6	23.8	26.0

（1）试求甜度(y)对蔗糖质量分数(x)的直线回归方程。

1. Excel 法

（1）方法一　作图的方式。

①将数据复制到 Excel 中。

②单击插入菜单,选择散点图。

③在图片框中,右击,选择数据。

④图表数据区域,选择蔗糖质量分数和甜度列。

⑤系列名称选择蔗糖质量分数和甜度。

⑥X 轴系列值选择蔗糖质量分数(x)/％列的数据。

⑦Y 轴系列值选择甜度(y)列的数据。

⑧确定即可得到散点图,如图 8-4 所示。

⑨单击图中的点,右击,选择添加趋势线。

⑩类型选择直线,显示公式,显示 R^2 值。

即得到直线回归方程为 $y＝1.255x＋13.958$。

注意:点击图表,添加横纵坐标的标题。

（2）方法二　在 Excel 中直接求斜率和截距。

①斜率 $b＝$LINEST(B2:B8,A2:A8)。

②截距 $a＝$INTERCEPT(B2:B8,A2:A8)。

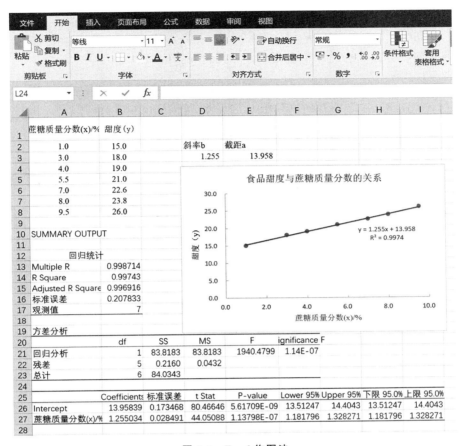

图 8-4　Excel 作图法

因此,回归方程为 $y = 1.255x + 13.958$。

(3)方法三　采用数学分析工具。

①将数据复制到 Excel 里。

②选择数据菜单,用数据分析工具,选择回归,单击"确定"按钮。

③X 值输入区域:蔗糖质量分数$(x)/\%$列。

④Y 值输入区域:甜度(y)列。

⑤选择标志(L),显示表头。

⑥选择置信度:95%。

⑦输出区域:选择数据区域旁边的空单元格。

⑧确定。

建立假设:

H_0:回归系数 $\beta = 0$(回归方程不成立)。

H_1:回归系数 $\beta \neq 0$(回归方程成立)。

$\alpha = 0.05$。

如图 8-5 所示,斜率 $b = 1.255$,截距 $a = 13.958$,因此直线回归方程为 $y = 1.255x + 13.958$。

假设检验:

$F=1940.48, P=1.14\times10^{-7}<0.05$。

$t=44.05088, P=1.14\times10^{-7}<0.05$。

即说明该回归方程具有统计学意义。

	A	B	C	D	E	F	G	H	I
1	蔗糖质量分数(x)/%	甜度(y)							
2	1.0	15.0							
3	3.0	18.0							
4	4.0	19.0							
5	5.5	21.0							
6	7.0	22.6							
7	8.0	23.8							
8	9.5	26.0							
9	x的平均值								
10	5.4286								
11									
12	SUMMARY OUTPUT								
13									
14	回归统计								
15	Multiple R	0.99871414							
16	R Square	0.99742994							
17	Adjusted R Square	0.99691593							
18	标准误差	0.20783318							
19	观测值	7							
20									
21	方差分析								
22		df	SS	MS	F	Significance F			
23	回归分析	1	83.8183	83.8183	1940.4799	1.138E-07			
24	残差	5	0.2160	0.0432					
25	总计	6	84.0343						
26									
27		Coefficients	标准误差	t Stat	P-value	Lower 95%	Upper 95%	下限 95.0%	上限 95.0%
28	Intercept	13.9583893	0.17346842	80.466457	5.6171E-09	13.5124745	14.40430403	13.51247	14.40430403
29	蔗糖质量分数(x)/%	1.25503356	0.02849055	44.0508784	1.138E-07	1.18179628	1.328270836	1.181796	1.328270836
30									

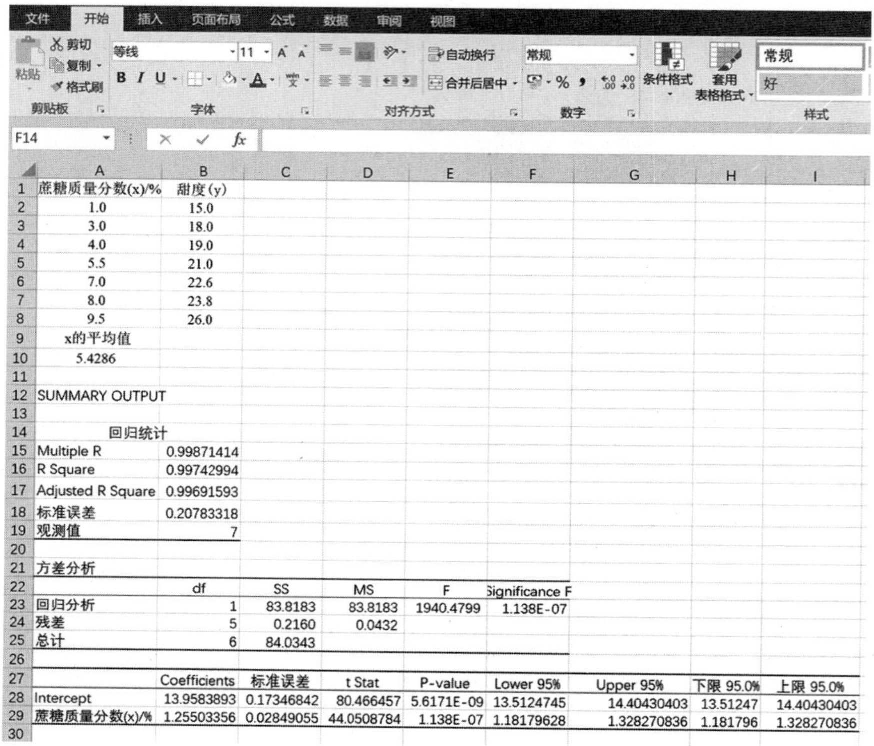

图 8-5　Excel 求解 x

(2)当蔗糖质量分数为3.5%时,甜度的平均水平是多少?

这是一个条件均值的估计和预测。

将 $x=3.5$ 代入求得的回归方程,得到此时的条件平均估计值 $\hat{y}=1.255\times3.5+13.958=18.351$。

条件均值的标准误差为 $S_{\hat{y}}=S_{yx}*\sqrt{\dfrac{1}{n}+\dfrac{(x_0-\bar{x})^2}{\sum(x-\bar{x})^2}}$,$S_{yx}=\sqrt{\dfrac{\sum(y-\hat{y})^2}{(n-2)}}=\sqrt{MS_r}$。

所以在Excel中计算得:离回归标准误差 S_{yx}=SQRT(E9/(7−2)),条件均值的标准误差 $S_{\hat{y}}$=B14*(SQRT(1/7+B13/C9)),此时条件均值的95%置信区间为 $\hat{y}\pm t_{\alpha,(n-2)}*S_{\hat{y}}$,$t_{\alpha,(n-2)}=t_{0.05,(5)}$=TINV(0.05,5)=2.570 6,即得 $\hat{y}\pm t_{\alpha,(n-2)}*S_{\hat{y}}$==18.351±B16*B15=(18.104,18.597)。故所以当蔗糖质量分数 $x=3.5\%$ 时,该食品甜度 y 为18.351(18.104,18.597),详见图8-6。

(3)某款饮料需要将甜度水平控制在25以内,请问蔗糖质量分数应控制在什么水平?

这是一个利用回归方程的逆运算,属于控制问题。

将饮料的甜度水平控制在25以内,是个体值估计的逆运算,可信区间估计时应用了单侧

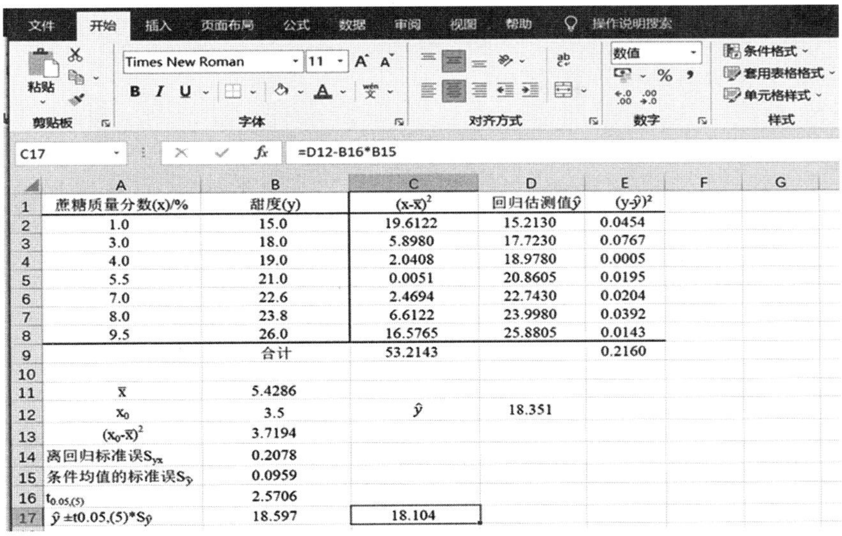

	A	B	C	D	E
1	蔗糖质量分数(x)/%	甜度(y)	$(x-\bar{x})^2$	回归估测值$\hat{y}$	$(y-\hat{y})^2$
2	1.0	15.0	19.6122	15.2130	0.0454
3	3.0	18.0	5.8980	17.7230	0.0767
4	4.0	19.0	2.0408	18.9780	0.0005
5	5.5	21.0	0.0051	20.8605	0.0195
6	7.0	22.6	2.4694	22.7430	0.0204
7	8.0	23.8	6.6122	23.9980	0.0392
8	9.5	26.0	16.5765	25.8805	0.0143
9		合计	53.2143		0.2160
10					
11	$\bar{x}$	5.4286			
12	x_0	3.5	$\hat{y}$	18.351	
13	$(x_0-\bar{x})^2$	3.7194			
14	离回归标准误S_{yx}	0.2078			
15	条件均值的标准误$S_{\hat{y}}$	0.0959			
16	$t_{0.05(5)}$	2.5706			
17	$\hat{y}\pm t0.05(5)*S_{\hat{y}}$	18.597	18.104		

图 8-6 Excel 验证回归方程

估计，用 y 的上限公式。

取 $\alpha=0.05$，已知 $n=7$，计算得 $t_{0.05(5)(单侧)}=\text{TINV}(0.05*2,5)=2.5706$。

由以上分析得到 $y=1.255x+13.958$，带入个体预测公式，即 $25=\hat{y}+t_{0.05(5)(单侧)}*S_y$，展开以后得：

$$25=(1.255x+13.958)+2.5706*0.2078*\sqrt{1+\frac{1}{7}+\frac{(x-5.4286)^2}{53.2143}}。$$

在 Excel 中，利用单变量求解，可得 $x=8.3$。

因此，当蔗糖质量分数为 8.3%时，就可将饮料甜度控制在 25 以内。

2. R 语言法

此部分内容是利用 R 语言分析工具进行回归方程的建立、预测和控制。

(1)建立回归方程。

```
sucrose<-c(1.0,3.0,4.0,5.5,7.0,8.0,9.5)
sweetness<-c(15.0,18.0,19.0,21.0,22.6,23.8,26.0)
reg<-lm(sweetness~sucrose)
summary(reg)
```

结果如下所示。

Coefficients:

	Estimate	Std. Error	t value	Pr(>|t|)
(Intercept)	13.958 39	0.173 47	80.47	5.62e−09 ***
sucrose	1.255 03	0.028 49	44.05	1.14e−07 ***

由结果可知。

斜率 $b=1.255$，截距 $a=13.958$。

直线回归方程为 $y = 1.255x + 13.958$。

假设检验：$t = 44.05, P = 1.14e-7 < 0.05$。

说明该回归方程具有统计学意义。

注意：本题截距(intercept)的假设检验 $P = 5.62e-09 < 0.05$ 具有显著性。

（2）预测

```
sucrose<-3.5
predict(reg,data.frame(sucrose),interval = "confidence",level = 0.95)
```

结果如下所示。

	fit	lwr	upr
1	18.351 01	18.104 58	18.597 43

所以当蔗糖质量分数 $x = 3.5\%$ 时，该食品甜度 y 为 18.351，95%的置信区间为(18.105，18.597)。

（3）控制

```
install.packages("chemCal")          # 安装 chemCal 包
library(chemCal)                      # 调用 chemCal 包
sweetness_1<-25
inverse.predict(reg,sweetness_1)
```

结果如下所示。

$$ 'Confidence Limits'

[1]8.302 125 9.293 597

可得蔗糖质量分数的范围为(8.302 125 9.293 597)，即当蔗糖质量分数在 8.3%时，就可将饮料甜度控制在 25 以内。

（二）直线相关(linear correlation)

例1 随机测定 42 份某品种大豆籽粒样品的脂肪含量(%)和蛋白质含量(%)，结果列于下表，请分析该品种大豆籽粒样品中脂肪和蛋白含量之间是否有相关性。

表 8-3　某品种大豆籽粒的脂肪(x)含量和蛋白质(y)含量　　　　　　　　%

x	y	x	y	x	y	x	y
15.4	44.0	22.9	34.7	21.8	39.4	20.7	36.2
17.5	38.2	15.9	42.6	23.4	33.2	22.0	36.7
18.9	41.8	17.9	39.8	16.8	43.1	24.2	37.6
20.0	38.9	19.4	42.0	18.4	40.9	17.4	42.2
21.0	38.4	20.4	37.4	19.7	38.9	18.9	39.9
22.8	38.1	21.6	35.9	20.7	35.8	20.8	37.1
15.8	44.6	22.9	36.0	21.9	37.2	22.3	38.6
17.8	40.7	16.1	42.1	23.8	36.6	24.6	34.8

续表8-3

x	y	x	y	x	y	x	y
19.1	39.8	18.1	40.0	17.0	42.8	19.9	39.8
20.4	40.0	19.6	40.2	18.6	42.1		
21.5	37.8	20.4	39.1	19.7	37.9		

1. Excel 法

(1)将数据复制到 Excel 中,并将相同类别的数据归为同一列中,便于分析。

(2)单击数据菜单,选择数学分析工具,选择相关系数,确定。

①输入区域:选择要分析的数据(图 8-7 中的 A2:B44)。

②分组方式:逐列。

③选择标志位于第一列:第一列 x,y 为列名。

④输出区域:选择数据旁边的空白单元格。

(3)确定,$r = -0.851\,74$。

(4)对相关系数 r 作 t 检验。

建立假设:

H_0:相关系数 $\rho = 0$。

H_1:相关系数 $\rho \neq 0$。

$\alpha = 0.05$。

自由度:$v = 42 - 2 = 40$。

$t = \text{ABS(E8)/SQRT((1-E8^2)/E9)} = 10.020576$,其中 E8 单元格表示相关系数 r,E9 表示自由度 v,E10 表示 t 检验中的 t 值。

$P = \text{TDIST(E10,EP,2)} = 8.635\text{e}-13$(图 8-7)。

$P < \alpha$,差别显著,脂肪含量和蛋白质含量存在线性相关关系。

2. R 语言法

```
x<-c(15.4,17.5,18.9,20,21,22.8,15.8,17.8,19.1,20.4,21.5,22.9,15.9,17.9,
    19.4,20.4,21.6,22.9,16.1,18.1,19.6,20.4,21.8,23.4,16.8,18.4,19.7,20.7,
    21.9,23.8,17,18.6,19.7,20.7,22,24.2,17.4,18.9,20.8,22.3,24.6,19.9)
y<-c(44,38.2,41.8,38.9,38.4,38.1,44.6,40.7,39.8,40,37.8,34.7,42.6,39.8,42,
    37.4,35.9,36,42.1,40,40.2,39.1,39.4,33.2,43.1,40.9,38.9,35.8,37.2,36.6,
    42.8,42.1,37.9,36.2,36.7,37.6,42.2,39.9,37.1,38.6,34.8,39.8)
cor.test(x,y)
```

结果如下所示。

Pearson's product-moment correlation

data: x and y

t = −10.280 9,df = 40,p-value = 8.635e−13

sample estimates:

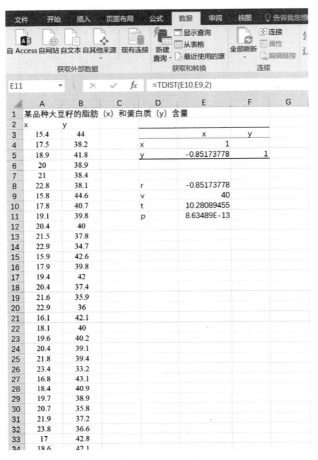

图 8-7　Excel 法

cor

−0.851 737 8

因此，$r = -0.851\,737\,8$，p-value＝8.635e−13＜α，差别显著，脂肪含量和蛋白质含量存在显著的线性相关关系。

例 2　采用考马斯亮蓝法测蛋白质含量，在制作标准曲线时得到蛋白质含量（y）与吸光度（x）的关系数据见表 8-4。试作相关分析。

表 8-4　蛋白质含量与吸光度的测量结果

吸光度（x）	0	0.198	0.346	0.483	0.622	0.786	0.952
蛋白质含量（y）/（μg/mL）	0	0.2	0.4	0.6	0.8	1.0	1.2

1. Excel 法

（1）将数据复制到 Excel 中。

（2）单击数据菜单，选择数据分析工具，选择相关系数，确定。

①输入区域：选择要分析的数据。

②分析方式:逐列。

③选择标志位于第一列:x,y 为列名。

④输出区域:选择数据旁边的空白单元格,确定。

(3)$r=0.9988311$。

(4)对相关系数 r 作 t 检验。

建立假设:

H_0:相关系数 $\rho=0$。

H_1:相关系数 $\rho\neq0$。

$\alpha=0.05$。

自由度 $v=7-2=5$

$t=\mathrm{ABS}(r)/\mathrm{SQRT}((1-r^2)/v)=46.21$。

$P=\mathrm{TDIST}(t,5,2)=8.96\mathrm{e}-08$。

$P<\alpha=0.01$,差别极显著,即吸光度与蛋白质含量之间存在线性相关关系。

2. R 语言法

```
x<-c(0,0.198,0.346,0.483,0.622,0.786,0.952)
y<-c(0,0.2,0.4,0.6,0.8,1.0,1.2)
cor.test(x,y)
```

结果如下所示。

Pearson's product-moment correlation

data： x and y

t=46.206,df=5,p-value=8.967e-08

sample estimates：

cor

0.9988311

因此 $r=0.9988311$,p-value$=8.967\mathrm{e}-08<\alpha=0.01$,差别极显著,即吸光度与蛋白质含量之间存在线性相关关系。

(三)等级相关(rank correlation)

例1 为研究饮水中氟含量与氟中毒患病率之间的关系,测定了 9 个居民点井水中的氟含量 x(ppm),同时通过体检得到了这些居民点中常住居民的氟中毒患病率 y(%),资料见表 8-5。饮水中的氟含量是否与氟中毒有关?

表 8-5　饮水中氟含量与氟中毒患病率

项目	居民点							
	1	2	3	4	5	6	7	9
氟含量测定值 x	0.97	1.79	2.39	2.56	3.46	3.54	3.71	6.01
患病率测定值 y	9.7	12.7	15.6	14.4	18.3	21.0	23.3	43.3

1. Excel 法

(1)将数据复制到 Excel 中(图 8-8)。

	A	B	C	D	E	F	G
1	居民点	氟含量	患病率				
2	i	测定值	测定值	氟含量相同个数	患病率相同个数	氟含量秩次	患病率秩次
3	1	0.97	9.7	1	1	1	1
4	2	1.79	12.7	1	1	2	2
5	3	2.39	15.6	1	1	3	4
6	4	2.56	14.4	1	1	4	3
7	5	3.46	18.3	1	2	5	5.5
8	6	3.54	18.3	1	2	6	5.5
9	7	3.71	21	2	1	7.5	7
10	8	3.71	23.3	2	1	7.5	8
11	9	6.01	43.4	1	1	9	9
12							
13		氟含量秩次	患病率秩次				
14	氟含量秩次	1					
15	患病率秩次	0.97478992	1				
16							

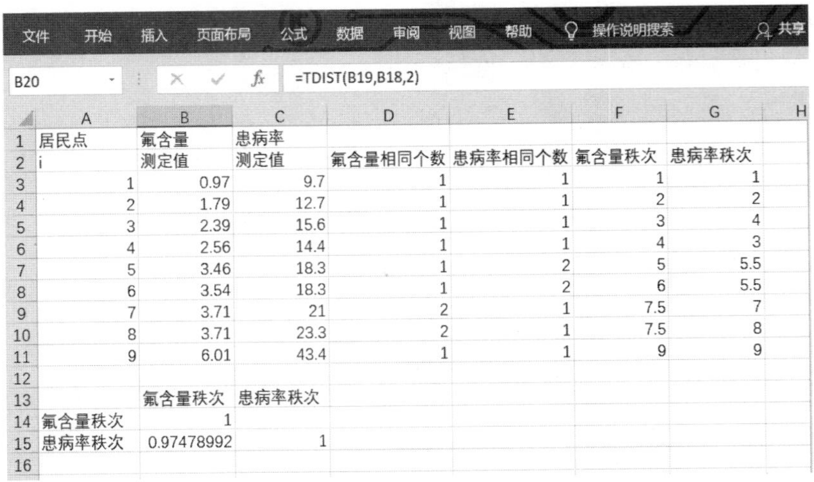

图 8-8 Excel 法

(2)另外加几列:氟含量相同个数,患病率相同个数,氟含量秩次,患病率秩次。

①氟含量相同个数在 D 栏处输入:=COUNTIF(INDIRECT("B3:B11"),B3),下拉可得所有居民点氟含量相同个数。

②患病率相同个数在 E 栏处输入:=COUNTIF(INDIRECT("C3:C11"),C3),下拉可得所有居民点患病率相同个数。

③氟含量秩次在 F 栏处输入:=RANK(B3,INDIRECT("B3:B11"),1)-1+D3 * (D3+1)/2/D3,下拉可得所有居民点氟含量秩次。

④患病率秩次在 G 栏处输入:=RANK(C3,INDIRECT("C3:C11"),1)-1+E3 * (E3+1)/2/E3,下拉可得所有居民点患病率秩次。

(3)单击数据菜单,选择数学分析工具,选择相关系数,确定。

①输入区域:选择要分析的数据(F2:G11)。

②分组方式:逐列。

③选择标志位于第一行。

④输出区域:选择数据旁边的空白单元格。

(4)确定 $r_s=0.974\ 789\ 92$。

建立假设:

H_0:相关系数 $\rho=0$。

H_1:相关系数 $\rho\neq0$。

$\alpha=0.05$。

查界值表得 $r_{s0.05(9)}=0.700<r_s$,$P<\alpha$,差别显著,可以认为饮水中氟含量与氟中毒的患病率之间存在相关关系。

2. R 语言法

```
x<-c(0.97,1.79,2.39,2.56,3.46,3.54,3.71,3.71,6.01)
y<-c(9.7,12.7,15.6,14.4,18.3,18.3,21,23.3,43.4)
cor(x,y,method = "spearman")
```

结果如下所示。

Spearman's rank correlation rho

data： x and y

S＝3.0252,p-value＝8.172e－06

alternative hypothesis：true rho is not equal to 0

sample estimates：

rho

0.974 789 9

因此，$r＝0.974\,789$，p-value＝8.172e－06，差异显著，可以认为饮水中氟含量与氟中毒的患病率之间存在相关关系。

第九章

统计作图初步

统计图(statistical graph)是用几何图形来表示数量关系,不同性状的几何图形可以将研究对象的特征、内部构成、相互关系等形象直观地表达出来,便于分析比较。统计图将统计资料形象化,利用线条的高低、面积的大小及点的分布来表示数量的变化,形象直观,一目了然。

一、知识点

(一)统计作图原则

统计作图最核心的原则就是读者能否通过图形清楚地了解数据中的信息。其基本原则为:①数据至上;②表达需简略;③设计布局合理;④附带解释。

绘制统计图的基本要求:①图题应简明扼要,列于图的下方;②纵轴、横轴应有刻度,注明单位;③横轴由左至右,纵轴由下而上,数值由小到大,图形纵横比例约为 5:7;④图中需用不同颜色或线条代表不同事物时,应有图例说明。

(二)统计图的常见类型及其特点

1. 直方图

直方图通常用于表示连续变量的频数分布或概率分布,由一系列高度不等的条形表示数据分布的情况,条形之间没有间隔(图 9-1)。

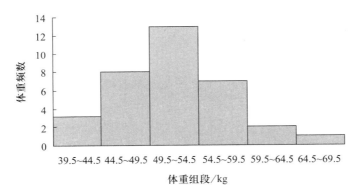

图 9-1　某班级男生体重分布情况

2. 茎叶图

茎叶图用于直观表现出数据的分类情况。茎叶图将数大小基本不变或变化不大的数据作为主干(茎),将变化大的位置的数据作为分枝(叶),列在主干之后(图 9-2)。

```
 5│045
 6│148
 7│25589
 8│134467999
 9│0112
10│0
```

图 9-2　某食品厂某生产线的日产量(kg)茎叶图

3. 箱式图

箱式图又称为盒须图、箱线图,是一种用作显示一组数据分散情况资料的统计图。它主要用于反映原始数据分布的特征,还可以进行多组数据分布特征的比较。每个箱式图包括一组数据的最大值、最小值、中位数、两个四分位数及异常值(图 9-3)。

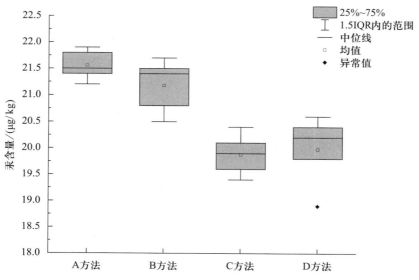

图 9-3　4 种不同方法对某食品样品中汞含量的测定结果

箱式图作为描述统计的工具之一,其功能有独特之处,主要有以下几点:①直观明了地识别数据中的异常值;②利用箱式图判断数据的偏态和尾重;③利用箱式图比较几批数据的形状。

4. 条形图

这种类型的图采用宽度相同的条形的高度或长短来表示,适合于间断性或分类属性的数据,包括计量资料和计数资料,展示了各个项目之间的对比情况。条形图是统计图资料分析中最常用的图形,能够使读者一眼看出各个数据的大小,易于比较数据之间的差别(图 9-4)。

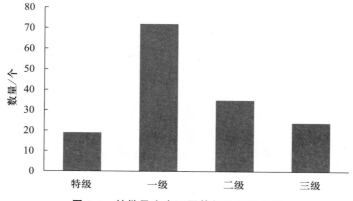

图 9-4　某批果实中不同等级果实的分布

5. 折线图

折线图是以线图的形式反映相同间隔内数据的连续变化情况,也是很常见的一种统计图形(图 9-5)。

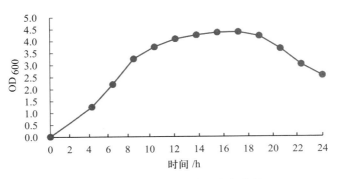

图 9-5 某细菌 24 小时内的生长曲线

6. 饼图

饼图一般用于表示间断性和属性资料的构成比,即各类别、各等级的观察值个数(次数)与观察值的总个数(样本含量)的百分比。将饼图的全部面积看成 100%,按各类别、各等级的构成比将圆面积分成若干份,以扇形面积的大小来分别表示各类别、各等级的比例(图 9-6)。

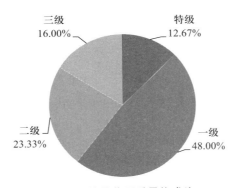

图 9-6 某批苹果质量构成比

(三)统计图的构成元素

统计图由标题、标目、数轴、图标、图例、图注等几部分构成。通常将标题置于图的下方,横坐标轴的标目在横坐标轴下方,纵坐标轴的标目在纵坐标轴外侧,图标置于统计图正中,图例置于图标空白处(通常为左侧上方或右侧上方),图注通常置于标题下方,具体位置详见图 9-7。

根据资料的性质和分析目的,选择合适的图形并加上适当的标题。直角坐标系中绘图时,纵横轴都应有轴标。比较不同对象时,用不同线条或颜色表示时,应在图例中说明。整体统计图配色应大方、简洁,复杂资料应配合图注进行解释。

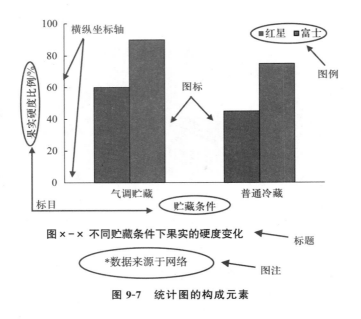

图 9-7　统计图的构成元素

二、操作要点

(一)绘图工具

Excel 中绘图的工具比较齐全,分析绘图时应选用恰当的图表,并将统计图的几个重要因素添加到图表中。

R 语言拥有基础绘图包,可以通过 plot()等泛型函数绘制不同图形。R 语言有功能非常强大的绘图工具包,如 ggplot、lattice、igraph 等。其中 ggplot 包是 R 语言中运用最为广泛的可视化绘图程序包。

(二)Excel 绘图步骤

各种图形的绘制基本步骤相似,包括:①选择数据区域;②根据资料特点选择恰当的图类型;③添加标题和标目;④根据图形类型调整颜色,添加适当的图注。

(三)R 语言绘图步骤

①准备数据:在 R 语言中最常用读入数据的函数是 read.table()和 read.csv()。

②组图:使用 plot()函数作图,同时设置标题文字[main(主标题)、sub(副标题)、xlab(x 轴标目)、ylab(y 轴标目)]、坐标(axes)、坐标轴区间参数(xlim,ylim)、线类型和宽度参数、颜色设置、图形和字体大小等相关参数。

③保存:单击图片,单击"文件",选择"另存为"图片的类型,填写文件名,选择保存地址,保存。或者采用图形设备命令进行保存,如保存为 pdf 格式,方法如下。

pdf("文件名.pdf")

plot()命令

dev. off( ):退出图形设置

三、操作案例

(一)散点图(scatter plot)

例 1　20 名糖尿病病人的血糖水平(mg/100 mL)与胰岛素水平(μU/100 mL)的测定值见表 9-1。试以血糖含量为因变量,胰岛素含量为自变量绘制散点图。

表 9-1　20 名糖尿病病人的血糖水平与胰岛素水平的测定值

项目	糖尿病病人									
	1	2	3	4	5	6	7	8	9	10
血糖水平(mg/100 mL)	220	262	221	217	142	200	188	240	353	163
胰岛素水平(μU/100 mL)	15.2	16.7	11.9	14.0	19.8	16.2	17.0	10.3	5.9	18.7

项目	糖尿病病人									
	11	12	13	14	15	16	17	18	19	20
血糖水平(mg/100 mL)	116	171	183	151	153	139	205	195	225	166
胰岛素水平(μU/100 mL)	25.1	16.4	22.0	23.1	23.2	25.0	16.8	11.2	13.7	24.4

1. *Excel 法*

(1)将数据复制到 Excel 里。

(2)将相同类数据汇总到相同列中。

(3)单击插入菜单,选择散点图。

(4)在空白图片框中,右击选择"选择数据"。

(5)图表数据区域,选择胰岛素列和血糖列。

(6)系列名称选择"胰岛素"和"血糖"。

(7)X 轴系列值选择胰岛素的数据。

(8)Y 轴系列值选择血糖的数据。

(9)单击"确定",即可得到散点图。

(10)单击图中的点,右击,选择添加趋势线。

(11)类型选择线性,选择显示公式、显示 R^2 值。

(12)确定。

添加坐标轴标目。

(1)单击图。

(2)选择布局菜单里的坐标轴标目工具。

(3)主要横坐标标目,单击坐标轴下方标目,填入"胰岛素水平/(μU/100 mL)"。

(4)主要纵坐标标目,单击旋转过的标目,填入"血糖水平/(mg/100 mL)"(图 9-8)。

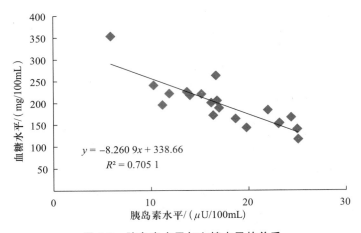

图 9-8　胰岛素水平与血糖水平的关系

2. R 语言法

```
insulin< - c(15.2,16.7,11.9,14,19.8,16.2,17,10.3,5.9,18.7,25.1,16.4,22,23.1,
        23.2,25,16.8,11.2,13.7,24.4)
blood_sugar < - c(220,262,221,217,142,200,188,240,353,163,116,171,183,151,
        153,139,205,195,225,166)
plot(insulin,blood_sugar,xlim = c(5,30),ylim = c(50,300),xlab = "胰岛素水平(μU/100
    ml)",ylab = "血糖水平(mg/100 ml)",pch = 2,col = "red")
title(main = "胰岛素水平与血糖水平的关系")
abline(lm(blood_sugar~insulin))
```

结果如图 9-9 所示。

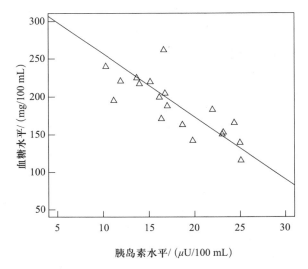

图 9-9　胰岛素水平与血糖水平的关系

例2 2019 年某食品企业网站总浏览量(Pageviews)(次)与产品销售额(Sales)(万元)相关性见表 9-2。试以销售额为因变量,浏览量为自变量绘制散点图。

表 9-2　2019 年某食品企业网站浏览量与产品销售额相关性表

月份(Month)	浏览量(Pageviews)/次	销售额(Sales)/万元
一月(January)	421	33.68
二月(February)	452	40.68
三月(March)	496	39.68
四月(April)	562	44.98
五月(May)	635	50.80
六月(June)	681	61.29
七月(July)	785	70.65
八月(August)	861	68.88
九月(September)	998	79.84
十月(October)	1 187	94.96
十一月(November)	1 357	122.13
十二月(December)	1 521	152.10

1. Excel 法

(1)将自变量(浏览量)置于表格 A 列(左侧),绘图时放在横轴。

(2)因变量(销售额)置于表格 B 列(右侧),绘图时放在纵轴。

(3)选中自变量和因变量两列,点击"插入"菜单,选择散点图,插入一种散点图。

(4)选择全部数据,右击选择编辑数据。

(5)X 轴系列值选择浏览量的数据。

(6)Y 轴系列值选择销售额的数据,单击"确定"按钮。

(7)单击图中数据点,选择全部数据,右击,选择添加趋势线。

(8)右侧设置趋势线格式中选择数据符合的趋势线。

(9)勾选下方显示公式和显示 R^2 值。

(10)在图像元素中,选择坐标轴标目,添加横纵坐标轴及单位。

(11)调整横纵坐标轴标目的字体和大小(图 9-10)。

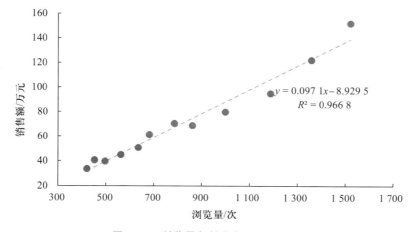

$$y = 0.097\ 1x - 8.929\ 5$$
$$R^2 = 0.966\ 8$$

图 9-10　浏览量与销售额之间的关系

2. R 语言法

```
pageviews<-c(421,452,496,562,635,681,785,861,998,1 187,1 357,1 521)
sales<-c(33.68,40.68,39.68,44.98,50.8,61.29,70.65,68.88,79.84,94.96,122.13,
152.1)
df1<-data.frame(pageviews=pageviews,sales=sales)

library(dplyr)
library(ggplot2)
library(ggpmisc)
df1 %>%
ggplot(aes(x=pageviews,y=sales))+
  geom_point()+                                    # 绘制点
  geom_smooth(method='lm',formula=y~x,se=F)+       # 绘制线
  stat _ poly _ eq ( aes ( label = paste ( " atop ( ", stat ( eq. label ),",", stat
(adj.rr.label),")",sep=""))),
formula=y~x,parse=T)+                              # 添加公式和 R² 值
theme_classic()+                                  # 设置为传统主题
  labs(x="浏览量(次)",y="销售额(万元)")+
  theme(plot.title=element_text(hjust=0.5,size=18,face="bold"))+
  theme(axis.title=element_text(size=15,face="bold",vjust=0.5,hjust=0.5))
```

结果如图 9-11。

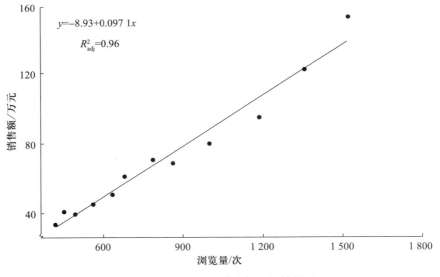

图 9-11　浏览量与销售额之间的关系

(二)直方图(histogram)

例1 某市 2019 年随机抽样调查研究 110 名 7 岁男童的身高,其均数为 119.95 cm,标准差为 4.72 cm(表 9-3)。绘制这 110 名 7 岁男孩身高的频数分布表和频数分布图。

表 9-3 某市 2019 年 110 名 7 岁男童的身高资料 cm

114.4	119.2	124.7	125.0	115.0	112.8	120.2	110.2	120.9	120.1	125.5
120.3	122.3	118.2	116.7	121.7	116.8	121.6	115.2	122.0	121.7	118.8
121.8	124.5	121.7	122.7	116.3	124.0	119.0	124.5	121.8	124.9	130.0
123.5	128.1	119.7	126.1	131.3	123.8	114.7	122.2	122.8	128.6	122.0
132.5	122.0	123.9	116.3	126.1	119.2	126.4	118.4	121.0	119.1	116.9
131.1	120.4	115.2	118.0	122.4	114.3	116.9	126.4	114.2	127.2	118.3
127.8	123.0	117.4	123.2	119.9	122.1	120.4	124.8	122.1	114.4	120.5
115.0	122.8	116.8	125.8	120.1	124.6	122.7	119.4	128.2	124.1	127.2
120.0	122.7	118.3	127.1	122.5	116.3	125.1	124.4	112.3	121.3	127.0
113.5	118.8	127.6	125.2	121.5	122.5	129.1	122.6	134.5	118.3	132.8

1. Excel 法:

(1)方法一 采用频数分析工具。

①在 Excel 中,先按照第二章的频数分析得到如图 9-12 所示的频数分析结果。

图 9-12 Excel 计算频数和频率

②单击"插入"菜单,选择"柱形图",单击选择一种柱形图。

③在空白图片框中,右击,选择数据。

④图表数据区域选择频数分析结果中的数据区域。

⑤在图例项中选择频率,单击"编辑"按钮。

⑥在系列名称中,填入"某市 2019 年 110 名 7 岁男童的身高资料",确定。

⑦在水平(分类)轴标签中,单击"编辑"按钮。

⑧轴标签区域选择频数分析结果中的"身高组段"的数据区域,单击"确定"。

⑨单击 Excel 布局菜单。

⑩选择坐标轴标题工具。

⑪主要横坐标标题,选择坐标轴下方标题,填入"身高组段"。

⑫主要纵坐标标题,选择旋转过的标题,填入"身高频数"(图 9-13)。

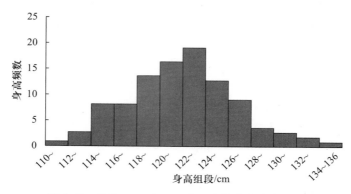

图 9-13　某市 2019 年 110 名 7 岁男童的身高资料

(2)方法二　采用数据分析工具。

这个方法不用做频数分析,用数据分析工具直接绘制直方图。

①将数据复制到 Excel 中,全部汇总到一列中。

②在空白单元格,指定好组段,标记为"接收区域",包括"110,112,…,136"。

③单击数据菜单,选择数据分析工具,单击直方图。

④在输入区域,选择身高数据。

⑤在接收区域,选择上面设定的组段数据区域,为"接收区域"。

⑥在输出区域,选择空白的单元格。

⑦选择"图表输出选项",确定。

⑧在直方图中,修改图题"直方图"为"某市 2019 年 110 名 7 岁男童的身高资料",修改横坐标轴标目为"身高组段",纵坐标轴标目为"身高频数"(图 9-14)。

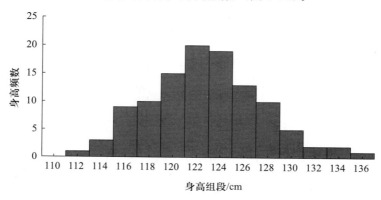

图 9-14　某市 2019 年 110 名 7 岁男童的身高资料

注：当设定组段时，有时会出现个别组段的组距与其他组不相等的情况，本例中如果设定 112 cm 以下为一组，或将 136 cm 以上设为一组，则需要根据设定的区域进行计数。

2. R 语言法

```
setwd("data.csv 所在的路径")
    a<-read.csv("data.csv",head=F)        # 读入数据给变量 a，设置表头为无
    a<-unlist(a)                          # 将多列数据归为一列
    bins<-seq(110,136,by=2)               # 从 110 到 136 的范围分 13 组，组距为 2
    hist(a,breaks=bins,col="blue",freq=TRUE,xlab="身高资料(cm)",ylab="身高频数")
```

结果如图 9-15 所示。

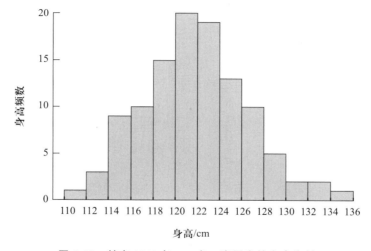

图 9-15　某市 2019 年 110 名 7 岁男童的身高资料

例 2　2020 年北京市某儿童医院选取了北京地区的 12 岁（含）以下儿童 100 例，测定其全血微量元素锌的浓度值（血锌值），数据如表 9-4 所示，根据检测数据绘制频数分布图。

表 9-4　北京市 2020 年 100 名 12 岁（含）以下儿童的血锌值　　　　μg/mL

60.10	60.23	65.40	67.90	68.30	69.00	70.83	73.20	75.00	76.34	78.50
80.63	82.32	83.40	86.73	89.00	90.30	92.32	92.50	95.40	97.90	98.00
100.50	103.50	104.60	105.70	105.90	107.60	110.30	110.50	110.80	110.90	111.30
111.50	112.00	112.90	113.70	114.00	114.80	114.90	115.20	115.40	115.60	116.20
116.40	116.80	117.20	117.50	117.60	118.30	119.40	119.60	120.00	121.50	121.60
121.70	121.80	122.00	122.40	122.60	122.70	122.80	123.10	123.20	123.30	123.50
124.20	124.50	124.60	124.70	125.60	125.80	130.00	130.50	130.60	132.00	132.20

续表9-4

132.50	132.70	132.80	132.90	134.00	134.60	134.80	134.90	135.20	135.40	136.70
138.30	138.70	139.20	139.40	139.60	140.20	145.30	148.60	150.80	155.00	160.20
162.00										

1. Excel 法

(1)方法一　用频数分析工具。

①在 Excel 中,先按照第二章的频数分析方法得到频数分析表(图 9-16)。

图 9-16　Excel 计算频数和频率

②单击插入菜单,选择柱形图,单击第一种柱形图。

③在空白图片框中,右击,选择数据。

④图表数据区域选择频数分析结果中的数据区域。

⑤在图例项中选择频率,单击"编辑"按钮。

⑥在系列名称中,填入"2020 年北京市 100 名 12 岁(含)以下男童血锌值分布"。

⑦在水平(分类)轴标签中,单击"编辑"按钮。

⑧轴标签区域选择频率分析结果中的"血锌组段"的数据区域。

⑨单击 Excel 布局菜单。

⑩选择坐标轴工具。

⑪选择坐标轴下方标目,填入"血锌组段/(μg/mL)"。

⑫选择纵坐标标目,填入"血锌频数"(图 9-17)。

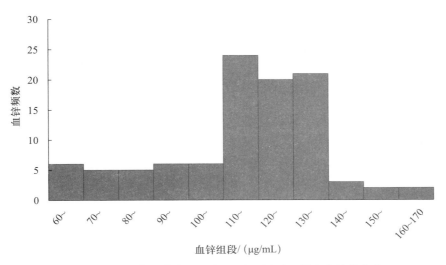

图 9-17　2020 年北京市 100 名 12 岁(含)以下男童血锌值分布

(2)方法二　采用数据分析工具。

①将数据复制到 Excel 中,全部汇总到一列中。

②在空白单元格,设定好组段,标记为"接收区域",包括"60,70,…,160"。

③单击数据菜单,选择数据分析工具,单击"直方图"。

④在输入区域,选择血锌数据。

⑤在接收区域,选择上面设定的组段数据区域。

⑥输出区域,选择空白的单元格。

⑦选择"图表输出选项"。

⑧在直方图中,修改图题"直方图"为"2020 年北京市 100 名 12 岁(含)以下男童血锌值分布",修改横坐标轴标目为"血锌组段/(μg/mL)",纵坐标轴标目为"血锌频数"(图 9-18)。

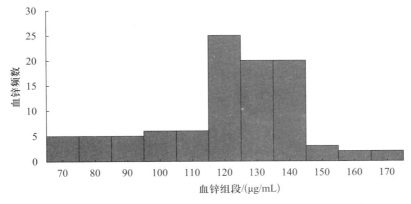

图 9-18　2020 年北京市 100 名 12 岁(含)以下男童血锌值分布

2. R语言法

```
a< - read. table("clipboard",head = F,sep = "\t")
bloodzinc< - unlist(a)                    # 将多列数据归为一列
bins< - seq(60,170,   by = 10)            # 从60~170的范围分为10组,组距为10
pdf("文件名")
hist(bloodzinc,                           # 绘制直方图
        xlab = "血锌组段/(μg/mL)",
        ylab = "血锌频数",
        col = "blue",border = "black")
dev. off()                                # 保存直方图
```

结果如图9-19所示。

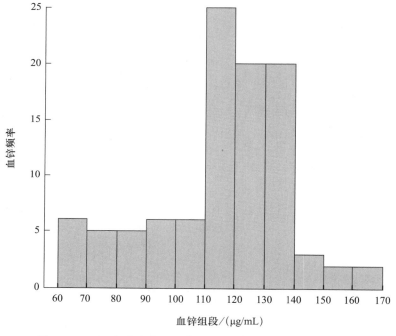

图 9-19　2020 年北京市 100 名 12 岁(含)以下男童血锌值分布

(三)折线图(line graph)

例1　某实验室利用溶剂提取法提取新鲜茶叶中的多酚,鉴于多酚的得率受提取液中乙醇含量的影响,该实验室对提取方法中乙醇体积分数进行优化,从而提高多酚的提取率,如表 9-5 所示,请根据多酚提取率受乙醇体积分数影响规律绘制折线图。

表 9-5　多酚提取率受乙醇体积分数影响的规律

乙醇体积分数	30	40	50	60	70
多酚得率/%	6.20	7.20	7.40	7.15	6.85

1. Excel 法

（1）将数据复制到 Excel 中。

（2）单击插入菜单，选择折线图，单击其中一种折线图。

（3）在空白图片框中，右击，选择数据。

（4）在图例项，选择系列 1，单击"编辑"按钮。

（5）系列名称填入"多酚提取率受乙醇体积分数影响的规律"，在系列值中选择多酚得率数据。

（6）在水平（分类）轴标签，单击"编辑"按钮，选择乙醇体积分数数据，单击"确定"。

（7）单击 Excel 图表工具的设计菜单，添加图表元素。

（8）选择坐标轴标题工具。

（9）选择横坐标轴下方标目，填入"乙醇体积分数"。

（10）选择纵坐标轴标目，填入"多酚得率/%"（图 9-20）。

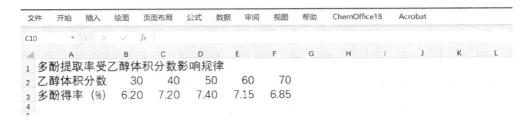

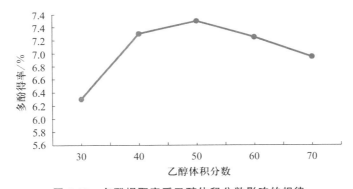

图 9-20 多酚提取率受乙醇体积分数影响的规律

2. R 语言法

```
library(ggplot2)
alcohol<-c(30,40,50,60,70)
polyphenol<-c(6.2,7.2,7.4,7.15,6.85)
measurement<-data.frame(alcohol,polyphenol)
ggplot(measurement,aes(x=alcohol,y=polyphenol,group=1))+
  geom_line(color="red",size=0.8)+
```

```
geom_point(color = "red",size = 3) +
labs(x = '乙醇体积分数',y = '多酚得率(%)') +
theme(plot.title = element_text(hjust = 0.5,size = 18,face = "bold")) +
theme(axis.title = element_text(size = 15,face = "bold",vjust = 0.5,hjust = 0.5))
```

结果如图 9-21 所示。

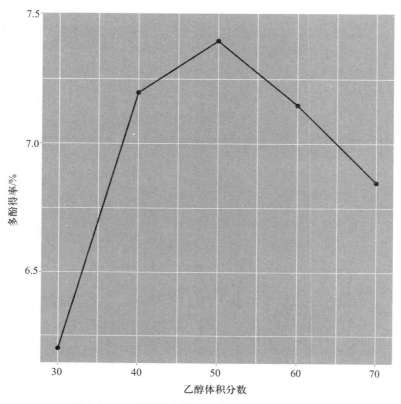

图 9-21　多酚提取率受乙醇体积分数影响的规律

例 2　生物胺是一类分子量较低的有机化合物,广泛分布于发酵食品中。在豆制品发酵过程中微生物代谢产生生物胺,过量摄入生物胺会导致人体中毒。某课题组采用高效液相色谱法测定了腐乳后酵过程中生物胺的含量(表 9-6),根据腐乳后酵期间生物胺含量的变化规律绘制折线图。

表 9-6　腐乳后酵期间生物胺含量的变化规律

后酵时间/周	1	2	3	4	5	6	7	8
生物胺含量/ (mg/kg)	487.16	6 389.00	5 801.31	6 500.40	6 602.04	5 310.54	6 375.15	6 253.60

1. Excel 法

(1)单击插入菜单,选择折线图,单击选择其中一种折线图。

(2)在空白图片框中,选择数据。

(3)图表数据区域,选择生物胺含量数据。

(4)在图例项,选择系列 1,单击"编辑"按钮。

(5)在系列名称填入"腐乳后酵期间生物胺含量",在系列值选择生物胺含量数据。

(6)在水平轴标签,单击编辑,选择生物胺后发酵时间数据。

(7)单击 Excel 图表工具的设计菜单,添加图表元素。

(8)选择坐标轴标题工具。

(9)选择横坐标标目,填入"后酵周期/周"。

(10)选择纵坐标标目,填入"生物胺含量/(mg/kg)"(图 9-22)。

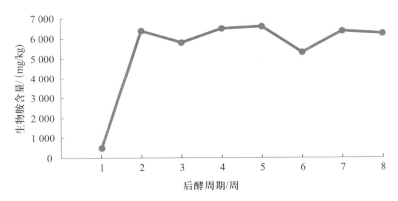

图 9-22 腐乳后酵期间生物胺含量

2. R 语言法

```
BA<-c(487.16,6389,5801.31,6500.4,6602.04,5310.54,6375.15,6253.6)
Time<-c(1,2,3,4,5,6,7,8)
BAlevels<-data.frame(Time,BA)
ggplot(BAlevels,aes(x=Time,y=BA))+
  geom_line(size=0.8,color="red")+
  geom_point(color="red",size=3)+
  labs(x='后酵周期(week)',y='生物胺含量(mg/kg)')+
  theme(plot.title=element_text(hjust=0.5,size=18,face="bold"),
  axis.title=element_text(size=15,face="bold",vjust=0.5,hjust=0.5))
```

结果如图 9-23 所示。

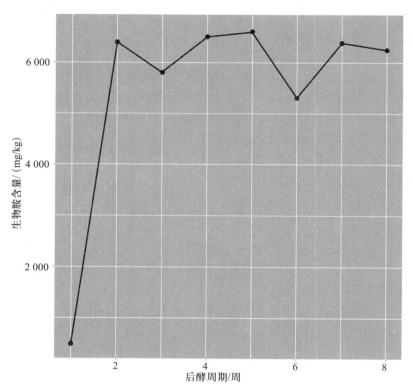

图 9-23　腐乳后酵期间生物胺含量

(四)条形图(bar graph)

例 1　海产食品中砷的允许剂量标准以无机砷作为评价指标。现用萃取法随机抽样测定了我国某产区 5 类海产食品中无机砷含量,结果见表 9-7。其中藻类以干重计,其余 4 类以鲜重计。请根据不同类型海产品中的无机砷含量绘制条形图。

表 9-7　不同类型海产食品中的无机砷含量　　　　　　　　　　　　mg/kg

类型	无机砷含量						
鱼类 A	0.31	0.25	0.52	0.36	0.38	0.51	0.42
贝类 B	0.63	0.27	0.78	0.52	0.62	0.64	0.70
甲壳类 C	0.69	0.53	0.76	0.58	0.52	0.60	0.61
藻类 D	1.50	1.23	1.30	1.45	1.32	1.44	1.43
软体类 E	0.72	0.63	0.59	0.57	0.78	0.52	0.64

1. Excel 法

(1)将数据复制到 Excel 中。

(2)先进行方差分析。

(3)在方差分析表的 SUMMARY 表格中添加“标准差”列(图 9-24)。

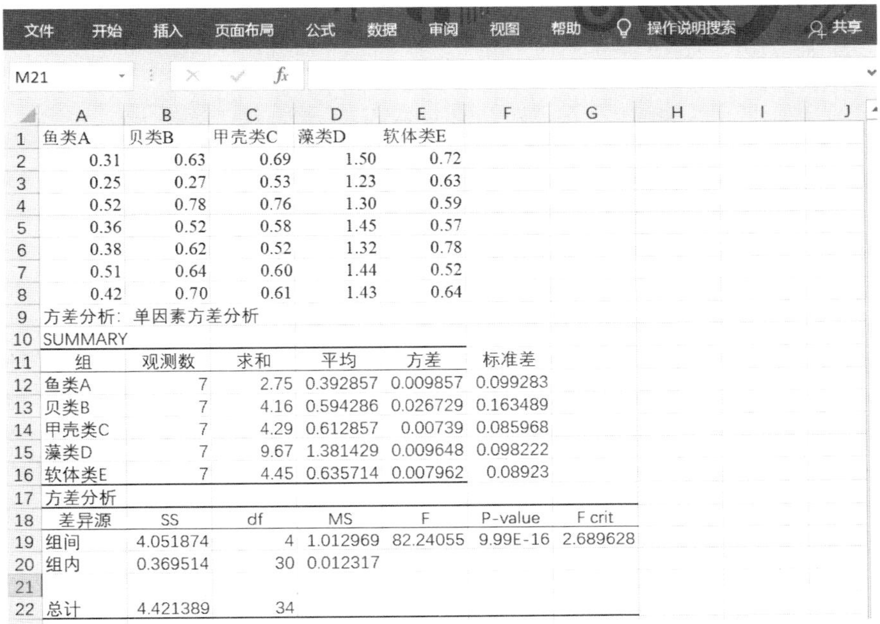

	A	B	C	D	E	F	G
1	鱼类A	贝类B	甲壳类C	藻类D	软体类E		
2	0.31	0.63	0.69	1.50	0.72		
3	0.25	0.27	0.53	1.23	0.63		
4	0.52	0.78	0.76	1.30	0.59		
5	0.36	0.52	0.58	1.45	0.57		
6	0.38	0.62	0.52	1.32	0.78		
7	0.51	0.64	0.60	1.44	0.52		
8	0.42	0.70	0.61	1.43	0.64		
9	方差分析：单因素方差分析						
10	SUMMARY						
11	组	观测数	求和	平均	方差	标准差	
12	鱼类A	7	2.75	0.392857	0.009857	0.099283	
13	贝类B	7	4.16	0.594286	0.026729	0.163489	
14	甲壳类C	7	4.29	0.612857	0.00739	0.085968	
15	藻类D	7	9.67	1.381429	0.009648	0.098222	
16	软体类E	7	4.45	0.635714	0.007962	0.08923	
17	方差分析						
18	差异源	SS	df	MS	F	P-value	F crit
19	组间	4.051874	4	1.012969	82.24055	9.99E-16	2.689628
20	组内	0.369514	30	0.012317			
21							
22	总计	4.421389	34				

图 9-24 不同类型海产食品中无机砷含量方差分析结果

(4)在 F12 中输入=SQRT(E12)计算标准差,并下拉至 F16。

(5)单击插入,选择柱形图,单击第一行的第二个柱形图。

(6)在图形区域,右击,单击选择数据。

(7)图表数据区域,选择 SUMMRY 表中的“平均”的数据区域。

(8)单击图例项中的系列 1,单击“编辑”按钮。

(9)在系列名称中,填入“不同类型海产食品中的无机砷含量”,单击“确定”。

(10)单击水平(分类)轴标签中的编辑。

(11)轴标签区域,选择 SUMMARY 表格中“组”的内容区域,确定。

(12)点击 Excel 图表工具的设计菜单,添加图表元素。

(13)选择坐标轴标题工具,纵坐标标题,填入“无机砷含量/(mg/kg)”。

(14)单击图表区右上角“+”号选项,添加图表元素“误差项”,选择自定义选项,选择 Excel 中的标准差。

(15)右击图形中的误差线,选择设置误差线格式,在垂直误差线中进行如下设置。

①方向:正负偏差。

②误差量:自定义,单击指定值,正误差值和负误差值都选择 SUMMARY 表中标准差的区域。

(16)确定,关闭(图 9-25)。

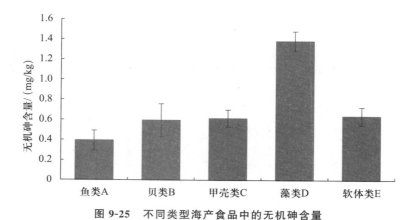

图 9-25 不同类型海产食品中的无机砷含量

2. R 语言法

```
sea<-data.frame(
"鱼类"=c(0.31,0.25,0.52,0.36,0.38,0.51,0.42),
"贝类"=c(0.63,0.27,0.78,0.52,0.62,0.64,0.7),
"甲壳类"=c(0.69,0.53,0.76,0.58,0.52,0.6,0.61),
"藻类"=c(1.5,1.23,1.3,1.45,1.32,1.44,1.43),
"软体类"=c(0.72,0.63,0.59,0.57,0.78,0.52,0.64))

install.packages("reshape2")
library(reshape2)
sea_melt<-melt(sea)
install.packages("Hmisc")
library(Hmisc)

ggplot(sea_melt,aes(variable,value))+
  stat_summary(mapping=aes(fill=variable),fun.y=mean,fun.args=list(mult=
1),geom='bar',colour="black",width=0.8)+
  stat_summary(fun.data=mean_sdl,fun.args=list(mult=1),geom='errorbar',
color='black',width=.2)+
  labs(x="",y="无机砷含量(mg/kg)",fill="种类")+
  theme(plot.title=element_text(hjust=0.5,size=16,face="bold"))+
  theme(axis.text=element_text(size=13,face="bold"))
```

结果如图 9-26 所示。

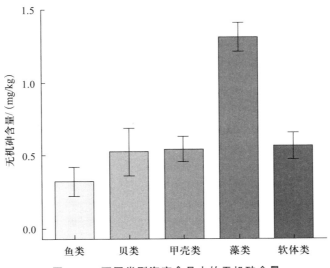

图 9-26 不同类型海产食品中的无机砷含量

例 2 花生是我国一种重要的粮食作物,但是同时花生蛋白也是重要的食品致敏原。采用胰蛋白酶和木瓜蛋白酶对花生蛋白粉进行限制性水解,并对水解产物中致敏蛋白含量进行研究,以探究最有效的降低花生致敏蛋白致敏性的手段。不同加工方式对花生致敏蛋白含量的影响,如表 9-8 所示,请根据不同食品加工方式下花生致敏蛋白含量绘制条形图。

表 9-8 不同食品加工方式下花生致敏蛋白的含量 mg/g

加工方式	花生致敏蛋白含量					
未水解	71.19	75.32	82.47	66.53	95.00	77.00
胰蛋白酶	145.77	156.32	183.00	177.00	160.00	163.50
胰蛋白酶＋木瓜蛋白酶	356.74	370.30	345.20	336.80	350.80	360.00
超滤处理	1.91	1.22	4.32	3.76	5.22	3.90

1. Excel 法

(1)将数据进行方差分析。

(2)在方差分析表的 SUMMARY 表格中添加"标准差"列(图 9-27)。

(3)在 F11 中输入:＝SQRT(E11),下拉至 F14。

(4)单击插入,选择柱形图,单击第一行的第二个柱形图。

(5)在图形区域,单击选择数据。

(6)图表数据区域,选择 SUMMARY 表中的"平均"数据区域。

(7)单击图例项中的系列 1,单击"编辑"按钮。

(8)在标题中填入"不同加工方式下花生致敏蛋白含量"。

(9)单击水平(分类)轴标签中的编辑。

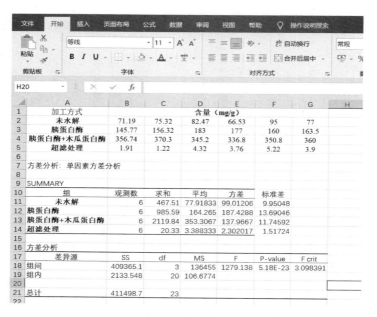

图 9-27　Excel 计算单因素方差分析的结果

（10）轴标签区域，选择 SUMMARY 表格中的"组"内容区域。

（11）单击 Excel 图表工具的设计菜单，添加图表元素。

（12）选择坐标轴标目工具，纵坐标标目中填入"致敏蛋白含量/（mg/g）"；横坐标标目填入"加工方式"。

（13）单击图表区右上角"＋"号选项，添加图表元素——误差项，选择自定义选项，选择 Excel 中的标准差。

（14）右击图形中的误差线，选择设置误差线格式，在垂直误差线中进行如下设置。

①方向：正负偏差。

②误差量：自定义，单击指定值，正误差值和负误差值都选择 SUMMARY 表中标准差的区域。

（15）确定，关闭（图 9-28）。

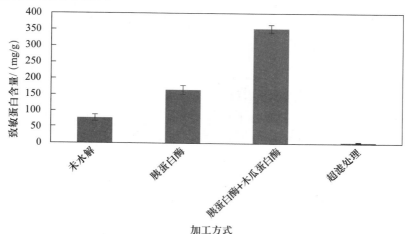

图 9-28　不同加工方式下花生致敏蛋白含量

2. R 语言法

```
allergen < - data.frame("未水解" = c(71.19,75.32,82.47,66.53,95,77),
"胰蛋白酶" = c(145.77,156.32,183,177,160,163.5),
"胰蛋白酶 + 木瓜蛋白酶" = c(356.74,370.3,345.2,336.8,350.8,360),
"超滤处理" = c(1.91,1.22,4.32,3.76,5.22,3.9))
allergen_mean < - apply(allergen,2,mean)
allergen_se < - apply(allergen,2,function(x){sd(x)/sqrt(length(x) - 1)})
library(ggplot2)
aov < - data.frame(allergen_mean,allergen_se)
aov $ names < - c("未水解","胰蛋白酶","胰蛋白酶 + 木瓜蛋白酶","超滤处理")
ggplot(data = aov,aes(x = names,y = allergen_mean,fill = "purple")) +
        geom_bar(stat = "identity",position = "dodge",width = 0.5) +
        geom_errorbar(aes(ymax = allergen_mean +
        allergen_se,ymin = allergen_mean - allergen_se),position = position_dodge
(0.9),width = 0.15) +
        labs(x = '加工方式',y = '致敏蛋白含量(mg/g)') +
        theme(plot.title = element_text(hjust = 0.5,size = 16,face = "bold"))
```

结果如图 9-29 所示。

(五)饼图(pie chart)

例 1　孟德尔用豌豆的两对性状进行杂交实验。当黄色圆滑种子与绿色皱缩种子的豌豆杂交后,F2 分离的情况为:黄圆 315 粒,黄皱 101 粒,绿圆 108 粒,绿皱 32 粒(共 556 粒)。请画出实际分离比例的饼图。

1. Excel 法

(1)在 Excel 中录入数据(图 9-30)。

(2)单击插入菜单,选择饼图,单击其中一种饼图。

(3)在空白图片框中,右击,选择"选择数据"。

(4)在图表数据区域,选择表头和"实际分离情况"的数据区域。一般情况下从上到下,以时钟的 12 点为起点,按照顺时针排布数据。

(5)单击图例项(系列)中的系列 1,单击"编辑"按钮。

(6)系列名称,填入"孟德尔自由组合规律(实际分离值)"。

(7)系列值,选择"实际分离情况"的数据,单击"确定"。

(8)右击饼图,选择"添加数据标签"。

(9)右击饼图,选择"设置数据标签格式"。

(10)在标签选项中,单击"百分比",去掉值的选项。

(11)在数字选项中,选择"百分比",单击"确定",即得到 F2 实际分离比例(图 9-31)。

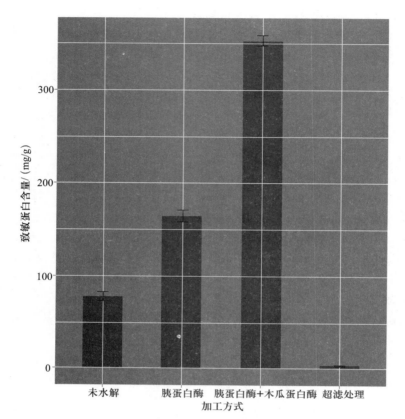

图 9-29　不同加工方式下花生致敏蛋白含量

图 9-30　Excel 中输入数据

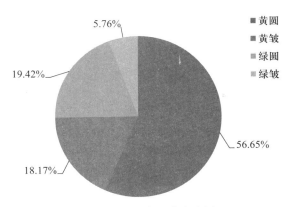

图 9-31　F2 实际分离比例

2. R 语言法

```
act< - c(315,101,108,32)                              ♯ F2 豌豆分离的实际值
names(act)< - c("黄圆","黄皱","绿圆","绿皱")           ♯ F2 豌豆不同性状的名称
colors< - c("purple","violetred1","green2","cornsilk") ♯ 选择不同颜色
ratio< - sprintf(" % .2f",100 * act/sum(act))
ratio< - paste(ratio," % ",sep = "")
label< - paste(names(act),ratio,sep = "\n")
pie(act,labels = label,col = colors,main = '孟德尔自由组合规律(实际分离值)',
    col. main = 1,col. sub = 'red')
```

结果如图 9-32 所示。

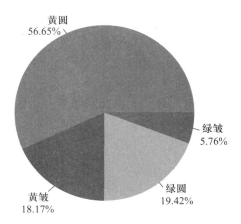

图 9-32　F2 实际分离比例

例 2　一种豌豆新品种的基本成分经国标方法测定,其中水分占豌豆干重的 8%,灰分占 3%,可溶性糖占 6%,粗脂肪占 4%,蛋白质占 30%,淀粉占 49%。请画出该品种豌豆的主要成分分布饼图。

1. Excel 法

(1)单击插入菜单,选择饼图,单击其中一种饼图。

(2)在空白图片框中,选择数据。

(3)在图表数据区域,选择表头和数据区域。

(4)单击图例项(系列)中的系列 1,单击"编辑"按钮。

(5)系列名称,填入"某品种豌豆基本成分分析"。

(6)系列值,选择基本成分数据。

(7)右击饼图,选择"添加数据标签"。

(8)右击饼图,选择"设置数据标签格式"。

(9)在标签选项中,单击"百分比",去掉值的选项。

(10)在数字选项中,选择"百分比",确定(图 9-33)。

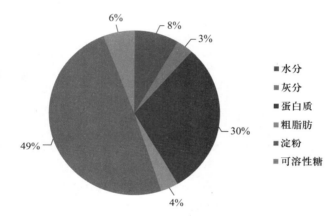

图 9-33　某品种豌豆的主要成分

2. R 语言法

```
library(ggplot2)
dt = data. frame(
  group = c("水分","灰分","蛋白质","粗脂肪","淀粉","可溶性糖"),
  value = c(8,3,30,4,49,6))
dt = dt[order(dt $ value,decreasing = TRUE),]
myLabel = as. vector(dt $ group)
myLabel = paste(myLabel,"(",round(dt $ value/sum(dt $ value) * 100,2)," %)",sep
 = "")
p = ggplot(dt,aes(x = "",y = value,fill = group)) +
  geom_bar(stat = "identity",width = 1) +
  coord_polar(theta = "y") +
  labs(x = "",y = "",title = "") +
  theme(axis. ticks = element_blank()) +
```

```
theme(legend. title = element_blank(),legend. position = "right") +
scale_fill_brewer(palette = "Paired",breaks = dt $ group,labels = myLabel) +
theme(axis. text. x = element_blank()) +
theme(plot. title = element_text(hjust = 0. 5,size = 16,face = "bold")) +
theme(legend. text = element_text(hjust = 0,size = 12)) +
theme(panel. background = element_rect(fill = "transparent",colour = NA),
    panel. grid. minor = element_blank(),
    panel. grid. major = element_blank(),
    axis. line = element_blank(),
    plot. background = element_rect(fill = "transparent",colour = NA))
p
```

结果如图 9-34 所示。

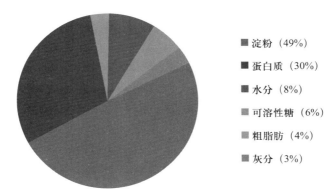

图 9-34 某品种豌豆的主要成分

第十章

试验设计基础

试验设计（experiment design）方法是数理统计学的应用方法之一，是由试验方法与数学方法特别是统计方法相互交叉而形成的一门学科。试验设计广义上是指研究课题的整体设计，包括课题的选定、查阅文献、试验设计、试验实施、试验记录、结果整理以及得出结论等内容。狭义的试验设计是指每次具体试验的设计，包括试验单位的选取、试验因素水平确定、重复数目的确定以及试验单位的分组等。

试验设计的方法有很多，生物试验设计中常用的方法主要有完全随机设计、配对设计、随机区组设计和正交试验设计等。良好试验设计的作用包括：避免系统误差，控制、降低随机误差，估计误差大小；无偏估计处理效应，从而对样本所在的总体做出可靠的、正确的推断；使多种试验因素包括在很少的试验之中，提高试验效率；通过对试验结果的分析，可以为寻找更优生产或工艺条件，深入揭示事物内在规律而进一步明确研究的方向。

试验设计基本原理部分概念较多，涉及试验操作与计算的内容主要包括重复数目的确定、样本含量确定、试验数据异常值判定。这些内容是良好试验设计的重要保障，也是对样本所在总体做出正确推断的基础。本章介绍如何借助 Excel、R 语言工具进行计算。

一、知识点

（一）样本含量估计的注意事项

估计样本含量时应当注意克服两种倾向：一是片面追求增大样本含量；二是在试验设计中忽视足够样本含量的重要性，使得样本含量偏少，检验功效（power of test，$1-\beta$）偏低，导致本来存在的差异未能检验出来，增大了出现 II 型错误的概率（β）。此外，样本含量大小还与研究问题的性质和试验要求的精度相关。因此，在科学研究的试验设计或抽样检验中，必须根据研究对象的性质，借助适当的公式与计算工具进行样本含量的估计。

（二）确定样本含量时应具备的条件

首先要确定检验的显著水平 α，确定所允许的 I 型错误概率水准，通常取 $\alpha=0.05$，同时还应明确是单侧检验还是双侧检验；其次提出所期望的检验功效（$1-\beta$）。在特定 α 水准条件下，要求的检验功效越大，所需样本含量就越大。实际上检验功效由 II 型错误率 β 的大小决定，在试验设计时，检验功效不宜低于 75%，否则检验的结果很可能无法反映总体的真实差异；最后还必须知道由样本推断总体的一些信息，从而选用合适的方式、方法计算样本含量。

（三）可疑值、极端值、异常值

当对同一样品进行多次重复测定时，常常发现一组分析数据中某一两个测定值比其他测定值明显地偏大或偏小，将其视为可疑值。

极端值是测定值随机波动的极端表现，包括极大或极小值，它们虽然明显地偏离多数测定值，但仍然可能处于统计上所允许的误差范围之内，与多数测定值属于同一总体。

异常值是通过统计分析判断可疑值与多数测定值不属于同一总体的数值。

（四）异常值判断方法

统计学中判断异常值的方法有：利用算术平均误差 δ 检验、利用标准差 S 检验、格拉布斯

(Grubbs)法检验等。每种统计检验法都会犯Ⅰ型错误和Ⅱ型错误。据统计,在所有方法中,格拉布斯法犯这两种错误的概率最小。

二、操作要点

(一)样本含量的确定

1. 试验研究中样本含量计算公式

(1)单个样本均数假设检验(t 检验)的样本含量:

$$n=\frac{t_\alpha^2 S^2}{\delta^2}$$
　　　　　　　　　　　式(10-1)

(2)成组两样本均数假设检验(t 检验,设两样本含量相等 $n_1=n_2=n$)的样本量:

$$n=\frac{2t_\alpha^2 S^2}{\delta^2}$$
　　　　　　　　　　　式(10-2)

(3)配对资料平均数假设检验(t 检验)的样本量:

$$n=\frac{t_\alpha^2 S_d^2}{\bar{d}^2}$$
　　　　　　　　　　　式(10-3)

上述公式中:

n 为所需样本含量。

t_α 是自由度为 $n-1$ 和双尾(或单尾)概率为 α 时的临界 t 值。

δ 是规定的达到显著时 μ 与 μ_0 的最小差值,称为允许误差。

S^2 为总体方差的无偏估计,可以根据以往经验估计得出,或者在总体中先取一个样本来计算得出。t_α 与 n 相关,可先用 df$=\infty$ 时的 t_α 代入计算,求得 n_1;再以 df$=n_1-1$ 时的 t_α 代入,求得 $n_2,n_3,n_4,\cdots$;直至求出的 n 值稳定时为止。

S_d 为差数标准误差,由经验或者预试验给出;$\bar{d}$ 为配对样本间差数的均值。

注:以上公式计算样本量的条件为检验功效$(1-\beta)=0.5$,但是实际操作中检验功效往往比 0.5 要高,直接计算的方法需要根据表 10-1 进行计算,即用计算所得样本量乘以对应系数得到该检验功效值下的样本含量。

表 10-1　样本含量转换系数表(上行单侧;下行双侧)

α	$1-\beta$				
	0.50	0.75	0.80	0.90	0.95
0.10	0.6	1.4	1.7	2.4	3.2
	0.7	1.4	1.6	2.2	2.8
0.05	1.0	2.0	2.3	3.2	4.0
	1.0	1.8	2.0	2.7	3.4

续表10-1

α	$1-\beta$				
	0.50	0.75	0.80	0.90	0.95
0.01	2.0	3.3	3.7	4.8	5.8
	1.7	2.8	3.0	3.9	4.6

注:根据表10-1估计的样本含量比精确计算的样本含量稍大一些。

2. 抽样调查时样本含量计算方法

(1)简单随机抽样时 n 的确定

若已知总体 X 的个数为 N，均值为 μ，总体方差 σ^2，样本方差为 S^2 时，最小样本量 n 计算公式为

$$n=\frac{(t\sigma/d)^2}{1+\dfrac{1}{N}(t\sigma/d)^2} \qquad 式(10\text{-}4)$$

当 $N\to\infty$ 时公式可以变换为:

$$n=\frac{t^2\sigma^2}{d^2} \qquad 式(10\text{-}5)$$

d 为允许误差，由 $\bar{x}$ 去估计 μ 值时希望保证 $|\bar{x}-\mu|$ 不超过允许误差 d 来达到对总体抽样时的无偏估计。如果总体 σ 未知，上述各式中 σ 可由 S 代替，但是计算所得的 n 需要进行迭代计算对 t 值矫正，直至 n 值稳定。

(2)二项总体两个样本百分率假设检验时 n 的确定

大样本二项分布总体率的样本含量可按正态近似法来估计，因此方差 S^2 的粗略估计值为 $p(1-p)$。样本比例 p 一般根据经验数据得到，若 p 未知，一般情况下取 $p=0.5$。

样本量计算公式为

$$n=\left(\frac{t}{d}\right)^2 p(1-p) \qquad 式(10\text{-}6)$$

3. 计算操作方法

具体计算方法:可直接在 Excel 或 R 语言中根据公式求得样本量 n 的值。

也可以使用 R 语言自带的 power.t.test() 函数来实现，函数使用说明如下。

```
power.t.test(n = NULL,                                 # n 为样本量
    delta = NULL,                                      # delta 表示真实差异，即上述公
                                                         式中的δ和 d
    sd = NULL,                                         # sd 表示真实标准差
    sig.level = 0.05,                                  # 显著水平α
    power = NULL,                                      # 功效水平(1-β)
    type = c("two.sample","one.sample","paired"),     # 样本情况，默认为双样本 t 检验
    alternative = c("two.sided","less","greater"))    # 默认情况下为双侧检验
```

(二)判断异常值

1. 算数平均误差 δ 检查

去除可疑值以后计算算术平均误差 δ，$\delta = \dfrac{\sum_{i=1}^{n} |d_i|}{n} = \dfrac{\sum_{i=1}^{n} |x_i - \bar{x}|}{n}$。

计算可疑值与平均值之差，$d = |x_{可疑} - \bar{x}|$。

当分析方法简单，测定次数较多时，若 $d \geqslant 2.5\delta$，则将可疑值判断为异常值弃去，反之则保留；当分析方法较烦琐，测定次数少时（$n=3$ 或 4），若 $d \geqslant 4\delta$，则将可疑值判断为异常值弃去，反之则保留。

2. 利用标准差 S 检查

由总体均数区间估计的置信区间可知，某一可疑值，若 $\bar{x} - x_{可疑}$ 在 $(-tS/\sqrt{n}, tS/\sqrt{n})$ 之间，则可疑值是合理的，应当保留。反之，则认为是异常值，需要舍弃。注意：$x_{可疑}$ 不参与计算 $\bar{x}$ 和 S。其中，$S = \sqrt{\dfrac{\sum d_i^2}{n-1}}$（$d_i = x_i - \bar{x}$，$n$ 为去掉可疑值之后的数字个数）。

3. 格拉布斯(Grubbs)法检查

具体方法步骤如下。

(1)将 n 个测定值按大小排成 $x_1 \leqslant x_2 \leqslant \cdots \leqslant x_n$，如怀疑最小值 x_1，则计算 $T_1 = (\bar{x} - x_1)/S$；怀疑最大值 x_n 时，则计算 $T_n = (x_n - \bar{x})/S$，其中 $\bar{x} = \sum x_i / n$（包括可疑值在内）。

(2)若算出的 T_1 或 T_n 的值大于"Grubbs 弃去异常数据的临界值 T_G"[一般可置信度 $p = 1 - \alpha$，选 95%，查 Grubbs 法去除异常值临界值(T_G)表]，则 x_1 或 x_n 就弃去，反之则保留。

利用 R 语言 outliers 包中的 Grubbs 检验可以判断一组试验数据中极大值或极小值是否为异常值。命令为 grubbs. test(x,type=10,opposite=FALSE,two. sided=FALSE)。

注：x 是检测数据向量；type=10 表示检测一个异常值，type=11 表示检测 2 个分别处于两个端点的异常值，type=20 表示检测一侧的 2 个异常值；opposite=FALSE 表示检测极大值，opposite=TRUE 表示检测极小值；two. sided 表示双边检验。

三、操作案例

(一)样本含量的确定

例 1   在食品的水分活度实验中，某食品的水分活度经常保持在 0.58，$S = 0.02$。计划对该食品进行水分活度检测，并希望检测结果与 0.58 相差 0.01 时能得出目前该食品的水分活度与经常值差异显著。问应检测多少份样品？

本例应该采用单个样本均数的假设检验时样本含量确定方法，利用式(10-1)进行计算。

1. 直接计算法

(1)已知：$d = 0.01$，$S = 0.02$；先将 $t_{(0.05,\infty)} = 1.96$ 代入式(10-1)得

$$n=1.96^2\times0.02^2/0.01^2\approx15$$

（2）再将 $t_{0.05(15-1)}=2.145$ 代入式（10-6）计算得

$$n=2.145^2\times0.02^2/0.01^2\approx19$$

（3）按照上述方法反复计算，直到 n 稳定在 $n=18$，即至少应该检验 18 份样品。

（4）如本例希望检验效能由现在的 0.5 提高到 0.8，需利用样本含量转换系数表（表 10-1）进行系数转换，样本含量应由现在的 $n=18$ 加大到 $n=18\times2.0=36$。

2. Excel 法

由于每次计算产生的 n 值要查表得到相应的 t 值，所以 Excel 只能进行数字计算并不能利用迭代计算的方式计算得出最后的 n 值，具体计算方法同直接计算。

3. R 语言法

使用 R 语言的 power.t.test()函数做功效分析来实现。

```
power.t.test(delta = 0.01,sd = 0.02,sig.level = 0.05,power = 0.5,type = "one.sample")
```

结果如下所示。

One-sample t test power calculation

n＝17.352 1

delta＝0.01

sd＝0.02

sig.level＝0.05

power＝0.5

alternative＝two.sided

即至少应该检验 18 份样品，与以上计算方法结果一致。

如检验效能提高到 0.8，则需讲上述 R 语言改为如下命令。

```
power.t.test(delta = 0.01,sd = 0.02,sig.level = 0.05,power = 0.8,type = "one.sample")
```

结果如下所示。

One-sample t test power calculationt

n＝33.367 2

delta＝0.01

sd＝0.02

sig.level＝0.05

power＝0.8

alternative＝two.sided

即至少应该检验 34 份样品，与经过样本含量转换系数表计算值接近，注意样本含量转换系数表所得 n 值较精确计算通常会偏大。

例 2 研究两种浸提条件下山楂中可溶性固形物的浸提率有无差异。经过预实验估计的浸提率标准差 S 为 1.32（%），希望当两种条件下的平均浸提率相差达到 2.0（%）时能测出差异显著,取 $\alpha=0.05$（双尾）,试问每种条件下应检验多少样品?

本例应该采用成组资料平均数的假设检验时样本含量确定方法,利用式(10-2)进行计算。

1. 直接计算法

(1)将 $df=\infty$、$t_{0.05(\infty)}=1.96$ 以及 $S=1.32$、$\delta=2.0$ 代入式(10-2),

得 $n=\dfrac{2t_a^2 S^2}{\delta^2}=\dfrac{2*1.96^2*1.32^2}{2.0^2}=3.55\approx4$

(2)以 $df=2(n-1)=2(4-1)=6$ 的 $t_{0.05(6)}=2.447$ 代入式(10-2)得 $n=6$。

(3)继续迭代,最后 n 值稳定在 5 上,即每种条件下至少应检验 5 份样品。

注:如本例,若希望检验效能由 0.5 提高到 0.8,则样本含量应通过查样本含量转换系数表(表 10-1),由现在的 $n=5$ 加大到 $n=5*2.0=10$。

2. Excel 法

在直接计算法中,由于每次计算产生的 n 值要查表得到相应的 t 值,所以 Excel 法只能进行数字计算,而利用迭代计算的方式得出最后的 n 值就显得比较烦琐,因此建议用 R 语言法进行计算得到最后的 n 值。

3. R 语言法

此例中 R 语言输入命令如下所示。

```
power.t.test(delta = 2,sd = 1.32,sig.level = 0.05,power = 0.5)    ♯ 计算样本量 n
```

结果如下所示。

Two-sample t test power calculation

n＝4.502 225

delta＝2

sd＝1.32

sig.level＝0.05

power＝0.5

alternative＝two.sided

NOTE:n is number in ＊each＊ group

即至少应该检验 5 份样品,与直接计算方法结果一致。

如果使 sig.level＝0.05,检验功效$(1-\beta)$增至 0.8,则 R 语言命令如下:

```
power.t.test(delta = 2,sd = 1.32,sig.level = 0.05,power = 0.8)
```

结果如下所示。

Two-sample t test power calculation

n＝7.923 79

delta＝2

sd＝1.32

sig.level＝0.05

power＝0.8

alternative＝two. sided

NOTE：n is number in ＊each＊ group

$n=7.923\,79$，即至少应该检验 8 份样品。

例 3 拟用随机抽样方法检验某批鱼被汞污染的情况。以一条鱼为一个独立测定单位，测定汞含量（mg/kg），希望误差（d）不超过 0.02。已知总体标准差 $\sigma=0.11$，若取 $\alpha=0.05$（双尾），问需抽检多少条鱼？

本例中总体方差已知，采用操作要点中简单随机抽样时总体方差 σ^2 代入式（10-5）进行计算。

1. 直接计算法

将 $t_{0.05}=1.96$、$d=0.02$、$\sigma=0.11$（初步抽样标准差即认为总体方差）代入式（10-5）得

$$n=\frac{t^2\sigma^2}{d^2}=\frac{1.96^2 * 0.11^2}{0.02^2}=116.21\approx117$$

2. Excel 法

n＝(1.96^2 * 0.11^2)/0.02^2＝116.2084，故至少需抽检 117 条鱼。

3. R 语言法

n＝(1.96^2 * 0.11^2)/0.02^2＝116.2084，故需抽检至少 117 条鱼。

例 4 拟用随机抽样方法检验某批鱼被汞污染的情况。以一条鱼为一个独立测定单位，测定汞含量（mg/kg），希望误差（d）不超过 0.02。根据抽样测知 S＝0.11，若取 $\alpha=0.05$（双尾），问需抽检多少条鱼？

本例题与例 3 类似，但是总体标准差未知，为简单随机抽样总体方差未知时 n 的确定，采用操作要点中式（10-5）进行计算。

1. 直接计算法与 Excel 法

(1)已知：$d=0.02$，S＝0.11；先将 $t_{0.05(116)}=1.96$ 代入式（10-5）得：

$$n=\frac{t_a^2 S^2}{d^2}=1.96^2 * 0.11^2/0.02^2\approx117$$

(2)再将 $t_{0.05(116)}=1.984$ 代入式（10-5）计算得：

$$n=\frac{t_a^2 S^2}{d^2}=1.984^2 * 0.11^2/0.02^2\approx120$$

(3)按照上述方法反复计算，直到 n 稳定在 $n=120$，即至少应该检验 120 份样品。

2. R 语言法

```
power. t. test(delta = 0. 02,sd = 0. 11,sig. level = 0. 05,power = 0. 5,type = "one. sample")
```

结果如下所示。

One-sample t test power calculation

n＝118.134 7

delta＝0.02

sd＝0.11

sig. level＝0.05

power＝0.5

alternative＝two. sided

即至少应该检验 119 份样品,与以上计算方法结果非常接近。此例题与例 3 类似,在信息不相同的情况下计算结果并未相差太大。

例 5 某处理方法可以降低肉品加工过程中蛋白损失率,在 3 次重复实验中得到以下数据。

处理组蛋白损失率(%):1.15　1.09　1.23

对照组蛋白损失率(%):1.12　1.33　1.25

针对此实验想要评价此处理方法是否有效,该如何设计呢?

首先,用 2 个独立样本 t 检验可以得出两组比较的 P 值为 0.3635,表明两组之间差异没有显著性(分析过程略)。接下来有 2 种选择,第一种是认定处理组和对照组差异没有显著性;第二种是对实验进行一个评估,增加重复次数改善 P 值。那么对于第二种情况,在现有实验条件下要进行多少次重复可能有更大把握得到结果有显著性呢? 增加重复数是指增加样本量,也就是继续采用处理和对照的方法处理,而不是简单地用同样的样本增加检测次数。鉴于此,本例拟解决以下 2 个问题。

(1)以目前的实验操作能力,以目前的实验方法或仪器精度,继续进行 3 次重复实验,有多大的概率拿到有显著性的结果?

(2)如果你想要有 90% 的把握得到 $P<0.05$ 甚至 $P<0.01$ 的结果,设计几个重复数比较合理?

注:针对此例可以使用 R 语言自带的 power. t. test() 函数来计算。设定 delta,sd,n,sig. level,power 中任意 4 个值,即可求出第 5 个参数值,默认时 type＝"two. sample"。

针对问题(1):计算得到显著性试验结果概率功效水平。

```
trt＜－c(1.15,1.09,1.23)                    ♯ 处理组数据
ck＜－c(1.12,1.33,1.25)                     ♯ 对照组数据
ss1＜－var(trt)*(3－1)                       ♯ 处理组的方差*自由度
ss2＜－var(ck)*(3－1)                        ♯ 对照组的方差*自由度
d＜－abs(mean(trt)－mean(ck))                ♯ 计算δ绝对值
sd＜－sqrt((ss1＋ss2)/(3＋3－2))♯ 计算标准差
power. t. test(delta＝delta,sd＝sd,n＝3,sig. level＝0.05)    ♯ n＝3 时,p<0.05 的
                                                              概率估计
```

结果如下所示。

Two-sample t test power calculation

n＝3

delta＝0.076 666 67

sd＝0.089 907 36

sig. level＝0.05

power＝0.126 377 6

alternative＝two. sided

NOTE:n is number in ＊each＊ group

结果表明若继续以 3 次重复进行试验，只能有 0.126 的概率得到 $P<0.05$ 的实验数据。

针对问题（2）：想要得到有显著性的结果需要进行几次重复试验。

> power. t. test(delta = delta,sd = sd,power = 0.9,sig. level = 0.05)♯ 90%把握获得
> $p<0.05$ 的重复次数

结果如下所示。

Two-sample t test power calculation

n＝29.894 22

delta＝0.076 666 67

sd＝0.089 907 36

sig. level＝0.05

power＝0.9

alternative＝two. sided

NOTE:n is number in ＊each＊ group

结果表明要有 90% 的把握得到 $P<0.05$ 的数据，需要进行 30 种以上的重复试验。

注意：

（1）此例并不是说只要增加重复次数就可以产生显著性结果，要根据重复次数是否具有实际意义来决定具体实验设计。

（2）针对此例也可以使用 R 语言 pwr 程序包中的 pwr. t. test() 来实现，计算方法类似，但是两种方法中关于 d 的定义不同，需要特别注意。

（二）判断异常值

例 1 针对冻兔样品中某农药的残留量，测得 5 个数据：0.112，0.118，0.115，0.119，0.123(mg/kg)。其中 0.123 是可疑值，利用算术平均误差 δ 检验其是否为异常值。

（1）方法一 Excel 计算算术平均误差 δ 检查。

①输入数据到 Excel 表格中，去除可疑值后计算平均值 $\bar{x}$。

在 A3 单元格输入＝AVERAGE(A1:D1)，得出 $\bar{x}=0.116$（图 10-1）

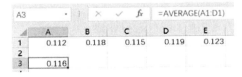

图 10-1 Excel 计算平均值

②计算去除可疑值的数据算术平均误差 δ。

在 B3 单元格输入＝AVEDEV(A1:D1)，得出 $\delta=0.0025$（图 10-2）。

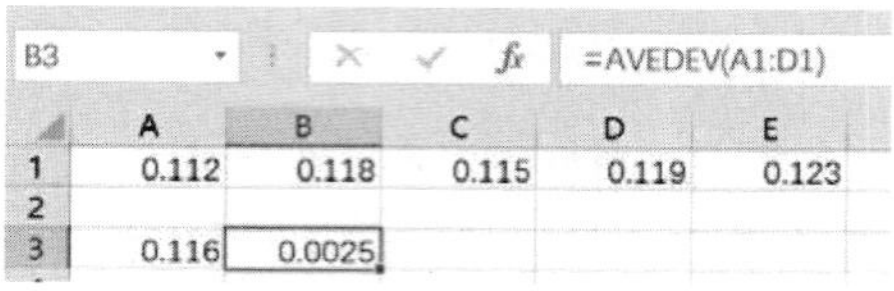

图 10-2　Excel 计算算术平均误差

③判断可疑值是否为异常值。

在 C3 单元格输入＝2.5 * B3，得出 $2.5\delta=0.006\ 25$（图 10-3）。

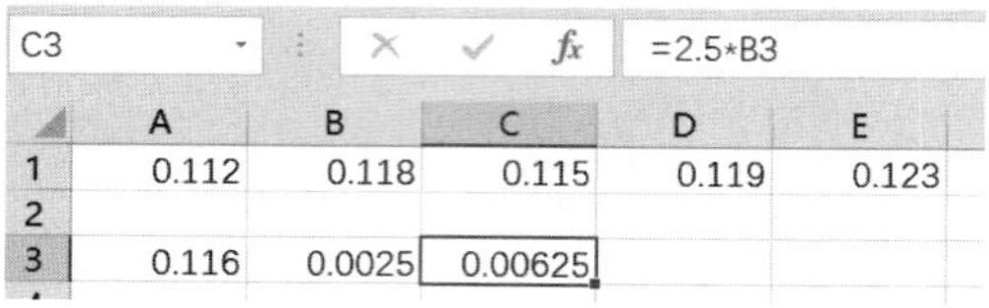

图 10-3　判断是否为异常值 1

D3 单元格计算 $d=\left|x_{可疑}-\bar{x}\right|=0.123-0.116=0.007$（图 10-4）。

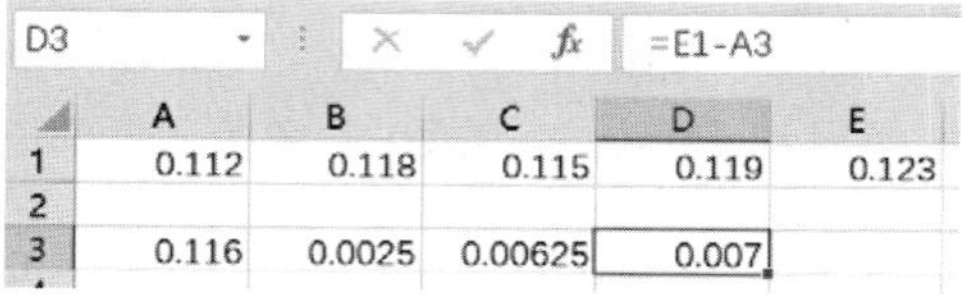

图 10-4　Excel 判断是否为异常值 2

$d>2.5\delta$ 故可疑值 1.123 为异常值应当舍弃。

（2）方法二　利用 Excel 计算标准差 S 检查。

①去除可疑值后计算标准误差：$S=\sqrt{\dfrac{\sum d_i^2}{n-1}}=0.003\ 2$，公式为＝STDEV(A1:D1)

（图 10-5）。

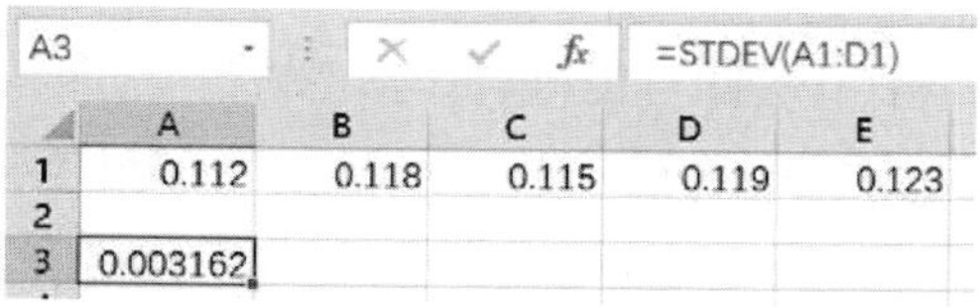

图 10-5　Excel 计算标准误差

②查 t 值表。选择置信度 $p=1-\alpha=0.95$，$df=n-1=3$，查 t 值表 $t_{0.05(3)}=3.182$。

③判断可疑值：$\pm t\dfrac{S}{\sqrt{n}}=\pm\dfrac{3.182\times0.003\ 2}{\sqrt{4}}=\pm0.005\ 1$，公式为＝A3 * 3.182/SQRT(4)

（图 10-6）。

计算 $\bar{x}-x_{可疑}=-0.007$，公式为＝AVERAGE(A1:D1)－E1（图 10-7）。

图 10-6　判断可疑值 1

图 10-7　判断可疑值 2

-0.007 在 $\pm 0.005\,1$ 之外，因此可疑值 0.123 应当舍弃。

例 2　一组测量数据如下：1.355，1.368，1.340，1.040，1.290，1.362，1.356，1.412，1.355，1.365，1.348，1.358，1.311，1.354，1.376，1.407，1.352，1.344，1.358，1.322，1.296，1.354，1.354，1.402，1.356，1.323，1.345，1.307，1.292，1.343，1.358，1.387。共计 32 个，其中 1.040 和 1.412 为极值是可疑值，用格拉布斯法判断是否为异常值。

（1）方法一　格拉布斯（Grubbs）法 Excel 计算。

①将数据输入 Excel 中。

计算平均值，此时包括可疑值，公式为 $=$AVERAGE(A1:H4)，得到结果为 $\bar{x}=1.340$，标准差公式为 $=$STDEV(A1:H4)，得到 $S=0.063$（图 10-8）。

图 10-8　计算平均值和标准值

②查 Grubbs 表得 T_G。当 $n=32$，$p=95\%$ 时，临界值 T_G 为 2.773。

③判断极小值（最小值）$x_1(1.040)$，$T_1=\dfrac{\bar{x}-x_1}{S}=\dfrac{1.340-1.040}{0.063}\approx 4.807$（图 10-9）。

图 10-9　判断极小值

由于 $T_1 > T_G$，故 1.040 为异常值应当舍弃。

④判断极大值（最大值）$x_n(1.412)$，$T_n = \dfrac{x_n - \bar{x}}{S} = \dfrac{1.412 - 1.343}{0.063} \approx 1.147$（图 10-10）。

	A	B	C	D	E	F	G	H
1	1.355	1.368	1.34	1.04	1.29	1.362	1.356	1.412
2	1.355	1.365	1.348	1.358	1.311	1.354	1.376	1.407
3	1.352	1.344	1.358	1.322	1.296	1.354	1.354	1.402
4	1.356	1.323	1.345	1.307	1.292	1.343	1.358	1.387
5	平均值	标准差	极小值	极大值				
6	1.340313	0.062469	4.80736	1.147563				

图 10-10　判断极大值

由于 $T_n < T_G$，故 1.412 应当保留。

（2）方法二　格拉布斯（Grubbs）法 R 语言计算。

①检测极小值。

```
install.packages("outliers")        # 安装 outliers 包
library(outliers)                   # 加载 outliers 包
x<-c(1.355,1.368,1.340,1.040,1.290,1.362,1.356,1.412,1.355,1.365,1.348,
     1.358,1.311,1.354,1.376,1.407,1.352,1.344,1.358,1.322,1.296,1.354,
     1.354,1.402,1.356,1.323,1.345,1.307,1.292,1.343,1.358,1.387)  # 输入
                                                                     数据
grubbs.test(x)                      # Grubbs 法检测极小值(最小值)是否异常
```

结果如下所示。

Grubbs test for one outlier

data：x

G=4.807 36，U=0.230 44，p-value=7.166e-10

alternative hypothesis:lowest value 1.04 is an outlier

$P = 7.166 \times 10^{-10} < 0.05$，可以判断极小值（最小值）1.040 为这组数据的异常值，应当舍弃。

②检测极大值。

```
grubbs.test(x,opposite = TRUE)    # Grubbs 法检测极大值(最大值)是否异常
```

结果如下所示。

Grubbs test for one outlier

data：x

G=1.147 56，U=0.956 15，p-value=1

alternative hypothesis:highest value 1.412 is an outlier R 分析输出结果分析：$P = 1 > 0.05$，可以判断极大值（最大值）1.412 不是这组数据的异常值，应当保留。

③同时检测极大值和极小值。

```
grubbs.test(x,type = 11)          # Grubbs 法检测极小和极大值是否同时异常
```

结果如下所示。

Grubbs test for two opposite outliers

data： x

G＝5.954 92,U＝0.197 61,p－value＝0.000 264 8

alternative hypothesis:1.04 and 1.412 are outliers

P＝0.000 264 8＜0.05,可以判断 1.040 和 1.412 作为一个组合都是异常值,这与极大值单独判断结果不一样,注意这是程序算法把极大值和极小值一起计算,不能作为单独极值的判断,但是能说明极值中至少有一个异常值。如果要明确是哪个值为异常值,则需要分别检验。

④同时判断两个极大值/极小值。

```
grubbs. test(x,type = 20)                      # Grubbs 法检测两个极小值是否同时异常
grubbs. test(x,type = 20,opposite = TRUE)      # Grubbs 法检测两个极大值是否同时异常
```

结果请读者自己尝试判断。

第十一章

随机试验设计

随机化是试验设计三个基本原则之一,是指将各个试验单元完全随机地分配在试验的每个处理中。随机化的主要作用有 2 个:一是降低或控制系统误差,随机化可以使一些客观因子的影响得到平衡,尤其是那些与试验单位本身有关的因子;二是保证对随机误差的无偏估计。随机化的原则应当贯彻在整个实验过程中,特别是对实验结果可能产生影响的环节必须坚持。随机试验设计包括完全随机试验设计和随机区组试验设计,本章介绍利用 Excel 法和 R 语言法进行随机数字生成、完全随机分组以及随机区组试验操作方法。

一、知识点

(一)随机化注意事项

为了将随机化贯穿整个试验过程,不仅在处理实施各试验单位时要进行随机化,而且在试验单位的抽取、分组、每个试验单位空间位置、试验处理实施顺序以及试验指标的度量等每个步骤都要考虑是否实施随机化。

(二)随机化方法

随机化的过程中常常会用到随机数字,随机数字可以通过查随机数字表来选取,也可以通过 Excel 以及 R 语言生成不同要求的随机数字(科学意义上,它们是伪随机数字,是特定条件下的随机数字,是可以重复出来的)。

(三)完全随机设计概念

完全随机设计(complete random design)是根据试验处理将全部试验单位随机分成若干组,然后再按组实施不同处理的设计。每个试验单元具有相等的机会从总体中被抽出,并被随机地分配到各试验处理组中。它具有 3 个方面的含义:一是试验单元的随机分组;二是各组与试验处理的随机组合;三是试验处理的顺序随机安排。

(四)完全随机设计的适用条件

要考察的试验因素较为简单,各试验单元基本一致,且相互之间不存在已知的联系,同时也不存在对试验指标影响较大的干扰因素,即要求试验的环境因素均匀一致。

(五)随机区组设计基本概念

随机区组设计(randomized block design)是一种随机排列的完全区组试验设计,既可用于单因素试验,也可用于多因素试验。随机区组设计是根据"局部控制"和"随机排列"原理进行的,将试验单元按干扰因素的不同进行区组划分,使区组内干扰因素差异最小,而区组间干扰因素允许存在差异。

(六)随机区组设计适用条件及注意事项

当试验样本之间存在差异或者试验条件差异比较大的情况下需要对样本进行区组分配,减少试验条件不同带来的试验误差。每个区组即为一次完整的重复,区组内各处理都独立地随机排列。随机区组设计考察的因素有两个,一个是处理因素,另一个是区组因素。通过区组来控制可能的非处理因素或者混杂因素,在进行方差分析时将区组变异从总的变异中分解出来,提高 F 检验和多重比较的灵敏度和精确度。

二、操作要点

(一)生成随机数

生成随机数字的方法很多。Excel 法可以用函数＝RAND(),＝RANDBETWEEN();RAND()返回 0～1 随机小数,RANDBETWEEN()返回区间随机整数。R 语言法可以用 runif(n,min,max),sample(min:max,n,replace＝T/F)等随机数字生成功能。

需要注意的是计算机程序产生的随机数字并不是绝对的随机数,而是称为"伪随机数"的相对随机数。这里的"伪"不是假的意思,由计算机产生的随机数是随机的而又有规律的。

计算机随机数是由"随机种子"根据一定的计算方法计算出来的数值。用户可以设置随机种子,只要计算方法一定,随机种子一定,那么产生的随机数就是固定的,利用这种方法可以延续某一试验设计采用同一套随机数。如果用户或第三方不设置随机种子,那么在默认情况下随机种子来自系统时钟,不同时间不同系统生成的随机数字就不相同。在实际应用中我们可以把计算机生成的随机数来直接应用,具体操作如下。

1. Excel 法生成随机数字

(1)生成 0～1 的随机小数

使用 RAND()函数。在任意单元格中输入＝RAND(),按回车键后可以在单元格内生成 1 个随机小数。

(2)生成一定范围的随机数

假设给定数字范围(x,y),随机数字生成的公式为:＝X＋RAND()＊(Y－X)。例如要生成 40～60 的随机数字可以在单元格内输入＝40＋RAND()＊20,然后按回车键。

(3)生成一定范围内随机整数

利用函数 RANDBETWEEN(下限整数,上限整数)。例如生成 3 位数字的随机整数,也就是 1～999 的随机整数可以输入＝RANDBETWEEN(1,999),然后按回车键。

(4)RAND()和 RANDBETWEEN()函数的灵活使用

例如要生成 0.01～1 包含两位小数的随机数,可以在 Excel 里用公式＝RANDBE-TWEEN(1,100)/100,然后按回车键。

2. R 语言法生成随机数字

(1)生成一定范围之间的随机数

使用 runif()函数生成一定范围的随机数字,用法为 runif(n,min,max),其中 n 代表生成 n 个随机数字,min 为范围内最小值,max 为范围内最大值。

例如:runif(1,3.0,5.5)表示在 3.0～5.5 中生成 1 个随机数;runif(5,3.0,5.5)表示在 3.0～5.5 中生成 5 个随机数。

(2)生成一定范围内的随机整数

使用 sample()函数生成一定范围的随机整数,用法为 sample(min:max,n,replace＝T/F),其中 n 代表生成 n 个随机数字,min 为范围内最小值,max 为范围内最大值,replace＝T

为生成的随机数字是可放回的(有可能生成的几个随机数字有重复的),replace=F 为生成的随机数字不可放回(生成的随机数字里没有重复的),在默认情况下 replace=F。

例如:sample(1:100,1)为生成 1 个 1~100 的随机整数;sample(1:100,5)为生成 5 个 1~100 的随机整数;sample(1:10,5,replace=F)为生成 5 个 1~10 无重复的随机整数;sample(1:10,5,replace=T)为生成 5 个 1~10 可能有重复的随机整数。

(3)各种分布随机数的生成函数

```
rnorm(n,mean = 0,sd = 1)                    # 正态分布
rexp(n,rate = 1)                            # 指数分布
rgamma(n,shape,rate = 1,scale = 1/rate)     # gamma 分布
rpois(n,lambda)                             # 泊松分布
rt(n,df,ncp)                                # t 分布
rf(n,df1,df2,ncp)                           # f 分布
rchisq(n,df,ncp = 0)                        # x² 分布
rbinom(n,size,prob)                         # 二项分布
rweibull(n,shape,scale = 1)                 # weibull 分布
rbeta(n,shape1,shape2)                      # beta 分布
```

(二)完全随机设计操作方法

完全随机试验当中需要对试验单元进行随机分组,主要方法为先对样本进行编号,然后生成一组随机数字,用随机数字分别除以分组数(随机数/分组数),利用所得余数进行分组,最后再利用随机数字的余数调整分组样本使每一组样本数量保持一致。

Excel 法应用函数=RANDBETWEEN()生成随机数字,R 语言法利用 SAMPLE 函数生成随机数字。然后 EXCEL 法利用"=MOD(number,divisor)",或者 R 语言法利用"%%"取随机数字余数(随机数%%组数得到的余数),根据余数进行分组,如果分组后各组内样本数不同需要根据随机数取余数进行调整。具体操作方法参考操作案例。

(三)随机区组设计操作方法

Excel 法应用函数=RANDBETWEEN()生成随机数字,然后根据试验条件进行区组,并在区组内进行完全随机设计(具体操作方法见操作案例)。

R 语言法当中可以利用 agricolae 扩展包 design. rcbd()函数、dae 扩展包 designRandomize()函数进行随机区组试验设计,本节内容结合案例采用 design. rcbd()函数介绍随机区组设计。

三、操作案例

例 1 有条件一致且相互独立的苹果 18 个,欲将其分成 3 组进行贮藏实验,如何进行分组。

1. Excel 法

(1)将 18 个苹果进行编号(编成 1~18),将编号按照顺序列在 Excel 的 A 列当中。

（2）用 Excel 生成随机数字，在 B 列中使用 RANDBETWEEN(1,99)生成两位数的随机数字，通过下拉给每一个编号生成一个随机数字。

注：随机数字每次进行表格操作或者计算的时候会重新生成，将生成的随机数字复制下来，然后粘贴数值到 B 列，保持后续操作中随机数字不再发生变化。

（3）用随机数字除以 3 取余数（分几组就除以几），根据余数进行分组。取余数计算使用公式 MOD(随机数字,除数)，即 ＝MOD(B2,3)，然后按回车键，也就是求 B2 单元格随机数字除以分组数 3 求余数，然后下拉获得 18 个随机数字的余数。

（4）按照余数进行分组，其中余数为 1 的定为甲组，余数为 2 的定为乙组，余数为 0 的定为丙组，此次分组中甲组 5 个，乙组 5 个，丙组 8 个。

（5）需要将丙组数据移动 2 个分别到甲组和乙组，再取两个随机数字，比如生成为 12、62。12 除以丙组中样本数 8[＝MOD(F2,8)]，按回车键得余数为 4，即将丙组第 4 个调整到甲组，62 除以丙组剩余样本数 7[Excel 法计算：＝MOD(F3,7)]，按回车键得余数为 6，即将丙组第 6 个数据调整到乙组，分组结果如图 11-1 所示。

苹果	随机数字	取余数	分组	调整	调整随机数字	余数
1	18	0	丙		12	4
2	3	0	丙		62	6
3	16	1	甲			
4	18	0	丙			
5	76	1	甲			
6	21	0	丙	甲		
7	8	2	乙			
8	71	2	乙			
9	47	2	乙			
10	41	2	乙			
11	75	0	丙			
12	75	0	丙			
13	33	0	丙	乙		
14	40	1	甲			
15	5	2	乙			
16	37	1	甲			
17	55	1	甲			
18	93	0	丙			

图 11-1　Excel 法分组结果

注：此例也可以直接按大小顺序排列随机数字，然后制定前 6 个在 A 组，中间的 6 个在 B 组，最后 6 个在 C 组。这样既可以平均分配，也可以按要求不平均分配，不需要重新调整，更加方便快捷。

2. R 语言法

可以利用 R 语言法中的 sample()函数生成随机数字，然后按照以上方法进行分组，也可以将 18 个苹果定义成一组数据，利用 sample()函数进行随机抽样，针对后一种方法的具体操作如下。

```
set. seed(1)                    # 利用该命令可对随机数字进行固定,保证在每次进
                                  行随机的时候固定特定组的随机数字不变。
a< - c(1:18)                     # 生成名为 a 的向量,元素包含 1～18
b< - rep(c("甲","乙","丙"),6)      # 生成名为 b 的向量,元素由甲乙丙交替组成,共 6 个
                                  重复
c< - sample(b,18,rep = F)        # 生成向量 c,元素为从 b 中随机无放回的抽取
d< - cbind(a,c);d                # a,c 合并生成向量 d 并输出
```

结果如下所示。

```
          a    c
[1,] "1"  "甲"
[2,] "2"  "甲"
[3,] "3"  "甲"
[4,] "4"  "乙"
[5,] "5"  "甲"
[6,] "6"  "乙"
[7,] "7"  "乙"
[8,] "8"  "丙"
[9,] "9"  "丙"
[10,]"10" "甲"
[11,]"11" "乙"
[12,]"12" "乙"
[13,]"13" "丙"
[14,]"14" "丙"
[15,]"15" "甲"
[16,]"16" "丙"
[17,]"17" "丙"
[18,]"18" "乙"
```

例 2 将 18 只小鼠进行 3 组配方饲料喂养,每组 6 只,对比饲料配方 A、B、C 对小鼠体重的影响。由于小鼠体重有差异,需要进行随机区组设计,将其分成 6 个区组,每组 3 只小鼠随机喂养不同配方饲料,即 3 个处理。

1. Excel 法

(1)将 18 只小鼠按照体重由低到高,编号为 1～18,将编号按照顺序列在 Excel 的 A 列当中。

(2)一共 3 组配方饲料,所以每 3 只小鼠是一个区组,共 6 个区组,分别为 Ⅰ、Ⅱ、Ⅲ、Ⅳ、Ⅴ、Ⅵ,在每个区组内分别接受饲料配方 A、B、C 的处理。

(3)用 Excel 生成随机数字,在 C 列中使用 RANDBETWEEN(1,99)生成两位数的随机数字,下拉单元格给每一个编号生成一个随机数字。

(4)区组内随机数字进行大小排序,列从小到大为 1～3,分别接受 A、B、C 饲料处理,其中

排序为 1 的小鼠接受饲料配方 A 处理,同理排序 2 为饲料配方 B,排序 3 为饲料配方 C。

按照此方法将 18 只小鼠进行随机区组实验设计,分组结果如图 11-2 所示。

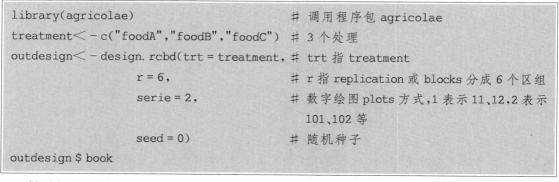

图 11-2　18 只小鼠随机区组 Excel 操作结果

2. R 语言法

注意在进行 R 语言随机区组之前应先将小鼠按照体重由低到高进行 1～18 编号,分别对应以下两种方法的最左侧编号,然后根据区组结果对不同编号小鼠进行相应处理。

```
library(agricolae)                              # 调用程序包 agricolae
treatment<-c("foodA","foodB","foodC")           # 3 个处理
outdesign<-design. rcbd(trt = treatment,        # trt 指 treatment
            r = 6,                              # r 指 replication 或 blocks 分成 6 个区组
            serie = 2,                          # 数字绘图 plots 方式,1 表示 11、12,2 表示
                                                  101、102 等
            seed = 0)                           # 随机种子
outdesign $ book
```

结果如下所示。

	plots	block	treatment
1	101	1	foodA
2	102	1	foodB
3	103	1	foodC
4	201	2	foodC
5	202	2	foodA
6	203	2	foodB
7	301	3	foodB

8	302	3	foodA
9	303	3	foodC
10	401	4	foodA
11	402	4	foodB
12	403	4	foodC
13	501	5	foodB
14	502	5	foodA
15	503	5	foodC
16	601	6	foodB
17	602	6	foodA
18	603	6	foodC

```
outdesign $ sketch
```

结果如下所示。

```
       [,1]      [,2]      [,3]
[1,]"foodA""foodB""foodC"
[2,]"foodC""foodA""foodB"
[3,]"foodB""foodA""foodC"
[4,]"foodA""foodB""foodC"
[5,]"foodB""foodA""foodC"
[6,]"foodB""foodA""foodC"
```

第十二章

正交设计

在生物学研究试验设计中,对于单因素或双因素试验,因其因素数少,试验的设计、实施与分析都比较简单。但在实际工作中,常常需要同时考察 3 个或 3 个以上的试验因素,若进行所有因素水平试验,则试验规模将很大,往往因试验条件的限制而难以实施。正交设计(orthogonal design)就是安排多因素多水平试验,利用部分试验代表整体,寻求最优水平组合的一种高效率的试验设计方法。

一、知识点

(一)正交设计的基本概念

正交试验是利用正交表(orthogonal layout)来安排与分析多因素试验的一种设计方法。它利用正交表特性,从试验全部水平组合中挑选具有代表性的水平组合进行试验,通过对部分试验的结果分析了解全面试验的情况,找出最优水平组合。评估各因素是否存在交互作用,并且通过统计分析判断各因素对指标的影响是否显著。

(二)正交表特性

正交表是正交拉丁方的自然推广,是运用组合数学理论构造的规格化表格,正交表中任意两列都是均衡搭配。正交表具有正交性、均衡分散性以及整体可比性,因此正交表可以利用部分实施代替整体试验。

(三)正交表符号

正交表的符号表示为 $L_n(t^q)$。

式中:L 表示正交表,是拉丁方 Latin 的第一个字母;n 是无重复试验的试验次数,即正交表的行数;t 表示各因素的水平数,即正交表一列中出现不同数字的个数;q 表示最多能安排的试验因素个数,即正交表的列数。

括号内 t^q 表示 q 个因素,每个因素 t 个水平的全面试验水平组合数(即处理数),而 n/t^q 为正交试验处理数除以全面实施处理数,即为最小部分实施。

正交试验设计可以在大幅降低试验次数的同时又能够全面反映试验的情况,在试验当中有广泛的应用。

二、操作要点

(一)选择正交表

正交表可分为标准表、非标准表以及混合正交表,试验中根据具体试验目的合理选择。注意,若要考察因素间交互作用,则只能选择标准表。

1. 标准表

常见的标准表如下所示。

2 水平:$L_4(2^3)$、$L_8(2^7)$、$L_{16}(2^{15})$……

3 水平:$L_9(3^4)$、$L_{27}(3^{13})$、$L_{81}(3^{40})$……

4 水平：$L_{16}(4^5)$、$L_{64}(4^{21})$、$L_{256}(4^{85})$……

5 水平：$L_{25}(5^6)$、$L_{125}(5^{31})$、$L_{625}(5^{156})$……

……

凡是标准表各因素水平数都相等，且水平数只能取素数或素数幂，利用标准表可以考察各因素间的交互作用。

2. 非标准表

常见的非标准表如下所示。

2 水平表：$L_{12}(2^{11})$、$L_{20}(2^{19})$、$L_{24}(2^{23})$……

其他水平表：$L_{18}(3^7)$、$L_{32}(4^9)$、$L_{50}(5^{11})$……

非标准表是为了缩小标准表试验编号的间隔而产生的，虽是等水平表但不能考察因素间交互作用。

3. 混合型表

混合型正交表符号为 $L_n(t_1^{q_1}+t_2^{q_2})$。

其中：q_1 个因素有 t_1 个水平；q_2 个因素有 t_2 个水平。

一般来说混合正交表不能考察因素的交互作用。混合正交表除了可由并列法改造之外并无一定规律可循。

(二)正交试验基本步骤

(1)明确试验目的，确定试验指标。

(2)确定试验因素和水平。

(3)选择合适的正交表。

(4)进行表头设计，合理安排各因素和交互作用。

(5)确定试验方案，实施试验。

(6)试验结果分析。

(三)正交试验结果分析

1. 极差分析法

正交试验设计极差值 R_j 可以判断各试验因素对试验指标影响大小，判断各因素主次顺序，选取最优试验条件。极差法的计算主要用到 Excel 中的求和(＝SUM())、平均值(＝AVERAGE())、平方和(＝SUMSQ())以及求差值等简单运算方法，计算各列(因素)中各水平的 K 值、K 值平均值，即 K_j 值、$\bar{K}_j$ 值，也就是各水平对应指标值的和、平均值，然后通过 $\bar{K}_j\max-\bar{K}_j\min$ 求得各因素极差 R_j。按照极差 R_j 大小排列各因素的主次顺序，各因素中 $\bar{K}_j$ 最大值即为因素的最优水平。

2. 方差分析

正交设计研究观测/观察得到的数据应该是计量资料，如不是计量资料而是分类数据，则不能考虑使用方差分析。即使是计量数据，还应该考察数据是否符合满足方差分析的条件/要求(是否符合正态分布，方差是否齐)，满足可以直接用方差分析，若不满足，则要考虑尝试进行变量变换,寻找合适的方法使分析数据满足方差分析的条件/要求,再采用方差分析。如果不能满足方差分析的条件/要求,就不能使用方差分析。方差分析可以判断各试验因素对试验指标的影响是否显著,可以直接进行计算。利用 F 检验进行统计分析,也可以直接利用 R 语言进行(AOV)方差分析,同时可利用 agricolae 数据包 SNK 函数对主要因素进行多重分析判断最优水平。

注:当考察 3 水平交互作用时需安排两列交互作用列,若要进行方差分析需在正交表中安排空列。

三、操作案例

例 采用硫酸法提取鲤鱼抗菌精蛋白实验,以不同浓度的硫酸溶液在不同温度和时间条件下提取抗菌精蛋白,并以所提取鲤鱼抗菌精蛋白的抗菌活性和得率两个实验指标作为测定指标,以便综合评价提取效果,本实验因素水平表见表12-1。

表 12-1 因素水平表

水平	因素		
	硫酸浓度(A)/%	提取温度(B)/℃	提取时间(C)/h
1	5.0	0	1
2	7.5	10	2
3	10.0	20	3
4	12.5	30	4

根据实验需要,不考察各因素间交互作用,选取正交表 $L_{16}(4)^5$,有两列空列可以进行方差分析。具体设计和实验结果见表12-2。

表 12-2 本案例正交设计及实验结果

实验号	A 硫酸浓度	B 提取温度	C 提取时间	D 空列	E 空列	得率/%	抗菌活性/%
1	1(5.0)	1(0)	1(1)	1	1	1.92	56.57
2	1(5.0)	2(10)	2(2)	2	2	1.95	58.87
3	1(5.0)	3(20)	3(3)	3	3	2.57	53.68
4	1(5.0)	4(30)	4(4)	4	4	2.28	50.45
5	2(7.5)	1(0)	2(2)	3	4	2.07	55.26
6	2(7.5)	2(10)	1(1)	4	3	2.35	52.21
7	2(7.5)	3(20)	4(4)	1	2	2.98	49.35
8	2(7.5)	4(30)	3(3)	2	1	4.24	52.12
9	3(10.0)	1(0)	3(3)	4	2	3.96	68.68
10	3(10.0)	2(10)	4(4)	3	1	4.41	64.13

续表12-2

实验号	A	B	C	D	E	得率/%	抗菌活性/%
	硫酸浓度	提取温度	提取时间	空列	空列		
11	3(10.0)	3(20)	1(1)	2	4	4.65	65.76
12	3(10.0)	4(30)	2(2)	1	3	4.53	63.67
13	4(12.5)	1(0)	4(4)	2	3	3.74	60.12
14	4(12.5)	2(10)	3(3)	1	4	3.98	65.32
15	4(12.5)	3(20)	2(2)	4	1	3.46	64.54
16	4(12.5)	4(30)	1(1)	3	2	4.45	55.73

1. Excel 法

(1)极差分析法

对本案例正交试验结果的极差分析如图 12-1 所示。

	A	B	C	D	E	F	G	H
1	实验号	A	B	C	D	E	得率/%	抗菌活性 /%
2		硫酸浓度	提取温度	提取时间	空列	空列		
3	1	1(5.0)	1(0)	1(1)	1	1	1.92	56.57
4	2	1(5.0)	2(10)	2(2)	2	2	1.95	58.87
5	3	1(5.0)	3(20)	3(3)	3	3	2.57	53.68
6	4	1(5.0)	4(30)	4(4)	4	4	2.28	50.45
7	5	2(7.5)	1(0)	2(2)	3	4	2.07	55.26
8	6	2(7.5)	2(10)	1(1)	4	3	2.35	52.21
9	7	2(7.5)	3(20)	4(4)	1	2	2.98	49.35
10	8	2(7.5)	4(30)	3(3)	2	1	4.24	52.12
11	9	3(10.0)	1(0)	3(3)	4	2	3.96	68.68
12	10	3(10.0)	2(10)	4(4)	3	1	4.41	64.13
13	11	3(10.0)	3(20)	1(1)	2	4	4.65	65.76
14	12	3(10.0)	4(30)	2(2)	1	3	4.53	63.67
15	13	4(12.5)	1(0)	4(4)	2	3	3.74	60.12
16	14	4(12.5)	2(10)	3(3)	1	4	3.98	65.32
17	15	4(12.5)	3(20)	2(2)	4	1	3.46	64.54
18	16	4(12.5)	4(30)	1(1)	3	2	4.45	55.73
19	K_{1j}	8.72	11.69	13.37	13.41	14.03	53.54(T)	
20	K_{2j}	11.64	12.69	12.01	14.58	13.34		
21	K_{3j}	17.55	13.66	14.75	13.5	13.19		
22	K_{4j}	15.63	15.5	13.41	12.05	12.98		
23	$\overline{K_{1j}}$	2.18	2.92	3.34	3.35	3.51	3.35($\bar{x}$)	
24	$\overline{K_{2j}}$	2.91	3.17	3	3.65	3.34		
25	$\overline{K_{3j}}$	4.39	3.42	3.69	3.38	3.3		
26	$\overline{K_{4j}}$	3.91	3.88	3.35	3.01	3.25		
27	R_j 极差	2.21	0.96	0.69	0.64	0.26		
28								
29	主次顺序	$A > B > C$						
30	优水平	A_3	B_4	C_3				
31	优组合	$A_3B_4C_3$						

图 12-1　本案例正交试验结果的极差分析

计算各列各水平的 K_{ij}、$\overline{K_{ij}}$、R_j 值。

①K_{ij} 为第 j 列中第 i 水平试验指标之和，例如 A 因素（第 1 列）1 水平的 K_{11}，在单元格 B19 中利用 Excel 函数：=SUM(G3:G6) 计算，得到值为 8.72。

②$\overline{K_{ij}}$ 为第 j 列各水平之和的平均值，例如 A 因素（第 1 列）1 水平的 $\overline{K_{11}}$，在单元格 B23 中利用 Excel 函数：=AVERAGE(G3:G6) 计算，得到值为 2.18。

③极差 R_j 为第 j 列 $\overline{K_{ij}}$ 的极差，例如 A 因素极差为最大值 $\overline{K_{31}}$ 减去最小值 $\overline{K_{11}}$，在 B27 单元格中输入=max(B19:B22)−min(B19:B22)，得到值为 2.21。

④计算结果及极差分析法判断优水平结果见图 12-1。极差值大的因素为影响指标的主要因素，按照极差大小对各因素进行主次排序，因此针对此指标下各因素的主次顺序为 A＞B＞C。$\overline{K_{ij}}$ 中的最大值对应的水平即为此因素的最优水平。各因素最优水平的组合即为最优组合，此指标下最优的因素水平组合为 $A_3 B_4 C_3$。

（2）方差分析法

利用 Excel 计算各列（即 A、B、C、D、E 列）的平方和、总平方和及自由度。

矫正数 $C=\dfrac{(\sum x_i)^2}{n}=\dfrac{T^2}{n}=\dfrac{53.54}{16}=179.158\,2$，计算方法为：=SUM(G3:G18) * SUM(G3:G18)/16。

总平方和 $SS_T=\sum x_i^2-C=1.92^2+1.95^2+\cdots+4.45^2-C=15.674\,6$，计算方法为：=SUMSQ(G3:G18)−179.158 2。

A 因素平方和 $SS_A=\dfrac{\sum K_{iA}^2}{m}-C=\dfrac{8.72^2+11.64^2+17.55^2+15.63^2}{4}-C=11.798\,6$，计算方法为：=SUMSQ(B19:B22)−179.158 2。

B 因素平方和 $SS_B=\dfrac{\sum K_{iB}^2}{m}-C=\dfrac{11.69^2+12.69^2+13.66^2+15.50^2}{4}-C=1.976\,2$，计算方法为：=SUMSQ(C19:C22)−179.158 2。

C 因素平方和 $SS_C=\dfrac{\sum K_{iC}^2}{m}-C=\dfrac{13.37^2+12.01^2+14.75^2+13.41^2}{4}-C=0.938\,7$，计算方法为：=SUMSQ(D19:D22)−179.158 2。

误差平方和：$SS_e=SS_T-SS_A-SS_B-SS_C=0.961\,0$。

误差平方和也可以计算 $SS_e=SS_D+SS_E$。

自由度分解。

总自由度：$df_T=n-1=16-1=15$。

A 因素自由度：$df_A=a-1=4-1=3$。

B 因素自由度：$df_B=b-1=4-1=3$。

C 因素自由度：$df_C=c-1=4-1=3$。

误差自由度：$df_e=df_T-df_A-df_B-df_C=15-3-3-3=6$。

F 检验，方差分析结果见表 12-3，其中 $MS=\dfrac{SS}{df}$，$F=\dfrac{MS}{MS_e}$。由于 Excel 的分析工具中最多能做双因素方差分析，不能做三因素方差分析，因此只能用 Excel 进行直接计算。

表 12-3　方差分析

变异来源	SS	df	MS	F	F
A（硫酸浓度）	11.798 6	3	3.932 9	24.553 6 * *	$F_{0.05(3,6)} = 4.76$
B（提取温度）	1.976 2	3	0.658 7	4.112 6	$F_{0.01(3,6)} = 9.78$
C（提取时间）	0.938 7	3	0.312 9	1.953 4	
D（空列）	0.806 1	3	0.268 7		
E（空列）	0.155 0	3	0.051 7		
误差	0.961 0	6	0.160 2		
总和	15.674 6	15			

　　由方差分析的结果可知，A 因素（硫酸浓度）为极显著因素，下面用 q 检验，也称 SNK 法进行 A 因素各水平的多重比较，由于 Excel 没有多重比较的分析工具，需要进行直接计算，具体操作方法请参考第五章方差分析中操作案例一节中，完全随机设计的单因素方差分析例 3 中的方法。分析结果见表 12-4。

表 12-4　A 因素各水平方差分析

A 因素		A_3	A_4	A_2	A_1
$\bar{x}_i$		4.39	3.91	2.91	2.18
显著性	0.05	a	a	b	c
	0.01	A	AB	BC	C

　　结果显示 A_3 为最好，另外 A_4 也可以考虑，作为分析其他指标后综合平衡的选择。

2. R 语言法

（1）首先对所有因素效应进行初步方差分析。

```
a = factor(c(1,1,1,1,2,2,2,2,3,3,3,3,4,4,4,4))          # 正交表中各列水平数字
b = factor(c(1,2,3,4,1,2,3,4,1,2,3,4,1,2,3,4))
c = factor(c(1,2,3,4,2,1,4,3,3,4,1,2,4,3,2,1))
d = factor(c(1,2,3,4,3,4,1,2,4,3,2,1,2,1,4,3))
e = factor(c(1,2,3,4,4,3,2,1,2,1,4,3,3,4,1,2))
yield = c(1.92,1.95,2.57,2.28,2.07,2.35,2.98,4.24,3.96,4.41,4.65,4.53,3.74,
3.98,3.46,4.45)                                          # 实验结果
data< - data.frame(a,b,c,d,e,yield)                      # 将各因素水平结果进行 frame
                                                            排列
result< - aov(yield~a + b + c,data = data)               # 对 A、B、C 三个因素进行方差
                                                            分析

summary(result)                                          # 显示分析结果
```

输出结果如下所示。

	Df	Sum Sq	Mean Sq	F value	Pr(>F)
a	3	11.799	3.933	24.554	0.000 908 ***
b	3	1.976	0.659	4.113	0.066 503
c	3	0.939	0.313	1.953	0.222 446
Residuals	6	0.961	0.160		

Signif. codes: 0 ′ *** ′ 0.001 ′ ** ′ 0.01 ′ * ′ 0.05 ′. ′ 0.1 ″ 1

(2)R 语言对 A 因素各水平进行多重比较,选择最优水平。

采用 agricolae 数据包的 SNK 分析方法,R 语言命令如下。

```
library("agricolae")                    # 加载"agricolae"数据包
comparison< - SNK. test(result,"a")     # 对 A 因素各水平进行 SNK 多重比较
comparison                              # 显示比较结果
```

结果如下所示。

$ groups

	yield	groups
3	4.387 5	a
4	3.907 5	a
2	2.910 0	b
1	2.180 0	c

结果与直接计算、方差分析结果一致,仅从得率这一指标来讲,A 因素的最优水平为 A_3 (但 A_4 与之差异不显著),即 10% 的硫酸;对于 B 因素、C 因素,由于各水平间差异不显著,所以理论上讲可以在各自所取的水平范围内任取一水平,实践中则可从操作的难易度、成本的经济性、实验条件的可行性等方面综合考虑而确定。此例只针对得率这一指标计算,另一指标抗菌活性留作练习。

注:抗菌活性指标最优水平组合为 $A_3B_1C_2$,最后综合得率和抗菌活性指标平衡结果最优组合为 $A_3B_1C_3$。

参考文献

［1］张吴平,杨坚．食品试验设计与统计分析．3 版．北京:中国农业大学出版社,2017.

［2］李春喜,姜丽娜,邵云,等．生物统计学．5 版．北京:科学出版社,2013.

［3］陈庆富．生物统计学．北京:高等教育出版社,2011.

［4］杜荣骞．生物统计学．北京:高等教育出版社,2009.

［5］明道绪．高级生物统计．北京:中国农业出版社,2006.

［6］张勤,张启能．生物统计学．北京:中国农业大学出版社,2002.

［7］吴仲贤．生物统计．北京:北京农业大学出版社,1993.

［8］林德光．生物统计的数学原理．沈阳:辽宁人民出版社,1982.

［9］贾俊平,何晓群,金勇进．统计学．6 版．北京:中国人民大学出版社,2015.

［10］张文彤,董伟．统计分析高级教程．北京:高等教育出版社,2013.

［11］陈希孺,倪国熙．数理统计学教程．合肥:中国科学技术大学出版社,2009.

［12］姜诗章．统计学教程．北京:清华大学出版社,2006.

［13］何晓群．现代统计分析方法与应用．北京:中国人民大学出版社,1998.

［14］陶澍．应用数理统计方法．北京:中国环境科学出版社,1994.

［15］潘承毅,何迎晖．数理统计的原理与方法．上海:同济大学出版社,1993.

［16］汪荣鑫．数理统计．西安:西安交通大学出版社,1986.

［17］潘维栋．数理统计方法．上海:上海教育出版社,1983.

［18］刘定远．医药数理统计方法．3 版．北京:人民卫生出版社,1999.

［19］刘文卿．实验设计．北京:清华大学出版社,2005.

［20］盖钧益．试验统计方法．北京:中国农业出版社,2000.

［21］裴鑫德．多元统计分析及其应用．北京:北京农业大学出版社,1991.

［22］石瑞平．基于一元回归分析模型的研究．石家庄:河北科技大学出版社,2009.

［23］刘魁英．食品研究与数据分析．北京:中国轻工业出版社,2015.

［24］姜藏珍,张述义,关彩虹．食品科学试验．北京:中国农业科技出版社,1997.

［25］张仲欣,林双奎．食品试验设计与数据处理．郑州:郑州大学出版社,2011.

［26］冯叙桥,赵静．食品质量管理学．北京:中国轻工业出版社,1995.